农作物病虫害原色图谱丛书

花生病虫害原色图谱

王朝阳　主编

河南科学技术出版社
·郑州·

图书在版编目（CIP）数据

花生病虫害原色图谱 / 王朝阳主编. —郑州：河南科学技术出版社，2017.6（2018.12重印）

（农作物病虫害原色图谱丛书）

ISBN 978-7-5349-8370-2

Ⅰ.①花… Ⅱ.①王… Ⅲ.①花生-病虫害防治-图谱 Ⅳ.①S435.652-64

中国版本图书馆CIP数据核字(2016)第309660号

出版发行：河南科学技术出版社

地址：郑州市经五路66号　　邮编：450002

电话：（0371）65737028　　65788613

网址：www.hnstp.cn

策划编辑：周本庆　陈淑芹　杨秀芳　　编辑信箱：hnstpnys@126.com

责任编辑：杨秀芳

责任校对：王晓红

装帧设计：张德琛　杨红科

责任印制：张艳芳

印　　刷：洛阳和众印刷有限公司

经　　销：全国新华书店

幅面尺寸：148 mm × 210 mm　　印张：8　　字数：240千字

版　　次：2017年6月第1版　　2018年12月第2次印刷

定　　价：40.00 元

内容提要

本书以文字说明与原色图谱相结合的方式，共精选了对花生产量和品质影响较大的39种（类）主要病虫害原色图片471张，重点突出病害田间发展不同时期的症状和虫害不同形态的识别特征，详细介绍了每种病虫害的分布与为害、症状（形态）特征、发生规律及防治措施。本书图文并茂，图片清晰，内容丰富，技术先进，在编写上力求通俗易懂，简单实用。本书适合各类农业技术人员、农药营销人员、广大农民和农业院校相关专业师生等阅读参考。

《花生病虫害原色图谱》

编写人员

主　编：王朝阳

副主编：王建敏　闫迎迎　吴伟丽　袁　伟　马平娜　孔海燕
董友丽　张旭红　丁爱杰　王燕峰　宋以星　丁征宇
赵玲丽　姜道威　禹淑梅　王香芝　柴利粉

编　者：丁征宇　丁爱杰　马平娜　王建敏　王朝阳　王香芝
王燕峰　孔海燕　刘　一　闫迎迎　杨竹青　吴伟丽
宋以星　张旭红　赵玲丽　姜道威　禹淑梅　袁　伟
柴利粉　彭昕华　董友丽

总 序

我国是世界上农业生物灾害发生严重的国家之一，常年发生的为害农作物有害生物（病、虫、鼠、草）1 700 多种，其中可造成严重损失的有 100 多种，有 53 种属于全球 100 种最具危害性的有害生物。许多重大病虫害一旦暴发成灾，不仅危害农业生产，而且影响食品安全、人身健康、生态环境、产品贸易、经济发展乃至公共安全。马铃薯晚疫病、水稻胡麻斑病、小麦条锈病的跨区流行和东亚飞蝗、稻飞虱、稻纵卷叶螟的暴发危害都曾给农业生产带来过毁灭性的损失；小麦赤霉病和玉米穗腐病不仅影响粮食产量，其病原菌产生的毒素还可导致人畜中毒和致癌、致畸。专家预测，未来相当长时期内，农作物病虫害发生将呈持续加重态势，监测防控任务会更加繁重。《国家粮食安全中长期规划纲要（2008—2020 年）》提出，要通过加大病虫监测和防控工作力度，到 2020 年，使病虫危害的损失再减少一半，每年再多挽回粮食损失 1 000 万 t。农业部于 2015 年启动了“到 2020 年农药使用量零增长行动”，对植保工作提出了新的要求。在此形势下，迫切需要增强农业有害生物防控能力，科学有效地控制其发生和为害，确保人与自然和谐发展。

河南地处中原，气候温和，是我国大区域流行性病害和远距离迁飞性害虫的重发区，农作物病虫害种类多，发生面积大，暴发性强，成灾频率高，据不完全统计，每年各种病虫害发生面积达 6 亿亩次以上，占全国的 1/10，对农业生产威胁极大。近年来，受全球气候变暖、耕作制度变化、农产品贸易频繁等多因素的综合影响，主要农作物病虫害的发生情况出现了重大变化，常发病虫害此起彼伏，新的发生不断传入，田间危害损失呈逐年加重趋势。而另一方面，由于病虫防控时效性强，技术要求高，加之目前我国从事农业生产的劳动者，多数不具备病虫害识别能力，因混淆病虫害而错用或误用农药造成防效欠佳、残留超标、污染加重的情况时有发生，迫切需要一部浅显易懂、图文并茂的专业图书，来指导农民科学防控病虫害。鉴于此，我们组织省内有关专家编写了这套农作物病虫害原色图谱丛书。

该套丛书分《小麦病虫害原色图谱》《玉米病虫害原色图谱》《水稻病虫害原色图谱》《大豆病虫害原色图谱》《花生病虫害原色图谱》《棉花病虫害原色图谱》《蔬菜病虫害原色图谱》7 册，共精选 350 种病虫害原色图片 2 000 多张，在图片选择上，突出病害田间发展和害虫不同时期的症状识别特征，同时，还详细介绍了每种病虫的分布区域、形态(症状)特点、发生规律及综合防治技术，力求做到内容丰富，图片清晰、图文并茂，科学实用，适合各级农业技术人员和广大农民阅读，也可作为植保科研、教学工作者参考。

农作物病虫害原色图谱丛书是 2015 年河南省科技著作项目资助出版，得到了河南省科学技术厅与河南省科学技术出版社的大力支持。河南省植保推广系统广大科技人员通力合作，深入生产第一线辛勤工作，为编委会提供了大量基础数据和图片资料，河南农业大学、河南农业科学院有关专家参与了部分病虫害图片的鉴定工作，在此一并致谢！

希望这套系列图书的出版对于推动我省乃至我国植保事业的科学发展发挥积极作用。

河南省植保植检站副站长、研究员

河南省植物病理学会副理事长　吕国强

2016 年 8 月

前言

花生是我国主要的油料作物和经济作物，是人们日常食物中重要的植物油脂和蛋白质来源。我国花生栽培历史悠久，种植面积位列世界第二，总产量位列世界第一。花生在国民经济和对外贸易中一直占有重要的地位，其产量的高低和产品质量的好坏，直接影响到种植者的经济收入和人们的生活水平的高低。

在良种良法相配套的基础上，花生的产量和质量在很大程度上受到病虫害的影响。全世界已发现的花生病虫害有 120 多种，其中病害 50 多种，虫害 60 多种。近年来，随着农业种植结构调整、新技术推广和花生经济价值、种植效益的提高，我国花生种植面积在不断增加的同时，花生各种病虫害的发生和流行也呈现逐年加重趋势。病虫害不仅造成花生产量降低、品质变劣，而且影响食品安全、人体健康、生态环境、产品贸易、经济发展乃至公共安全，在发生为害严重的地区，已成为限制花生产业发展的主要因素。

由于花生病虫害识别与防控时效性强，专业技术知识要求高，目前我国基层植保人员力量薄弱，从事农业生产的劳动者，多数不具备病虫害识别能力，因混淆病虫害而错误或延误用药的情况时有发生，迫切需要浅显易懂、图文并茂的病虫害防治实用技术图书，来科学指导病虫害防治工作的开展。

本书在总结和借鉴前人生产实践中探索出的科学防治花生病虫害技术与方法的同时，以文字说明与原色图谱相结合的方式，共精选出对花生产量和品质影响较大的 39 种（类）主要病虫害原色图片 471 张，重点突出病害田间发展不同时期的症状和虫害不同形态的识别特征，详细介绍了每种病虫害的分布与为害、症状（形态）特征、发生规律及防治措施。本书图文并茂、图片清晰、内容丰富、技术先进、简单实用、适合各级农业技术人员、植保专业化服务组织（合作社）、种植大户、农药营销人员、广大农民和农业院校相关专业师生等阅读参考。

在本书的编写过程中，编者得到了河南省植保推广系统广大科技人员的大力支持，在此一并致谢！由于编者研究水平和编写时间有限，加之受基层拍摄设备等因素的限制，书中图片、文字资料如有谬误之处，敬请广大读者、同行不吝指正，以便进一步修订。

编者

2015 年 10 月

目录

第一部分 花生病害

一、花生褐斑病

分布与为害

花生褐斑病又叫花生早斑病，是世界性普遍发生的病害。在我国各花生产区均有发生，是花生种植中分布最广、为害最重的病害之一。花生初花期开始发生，生长中后期为发生盛期（图 1）。病叶布满病斑，光合作用面积减少，造成早期落叶、茎秆枯死，严重影响干物质积累及荚果饱满度和成熟度。受害花生一般减产 10% ~ 20%，重者减产 40% 以上。

图 1　花生褐斑病大田症状

症状特征

花生褐斑病主要为害叶片，严重时也可为害叶柄和茎秆。

发病初期，叶片上产生黄褐色或铁锈色小斑点（图 2），逐渐扩大成近圆形或不规则形病斑，一般直径 1 ~ 10mm，病斑周围有明显的黄色晕圈；叶片正面病斑呈茶褐色或暗褐色（图 3），背面颜色较浅，

图 2　发病初期黄褐色或铁锈色小斑点

图 3　叶片正面病斑

呈淡褐色或褐色（图4），在叶片正面病斑上产生不明显的散生小黑点（图5），即病菌的子座。在潮湿条件下，大多在叶片正面病斑上病健部交界处产生灰褐色霉状物（图6），即病菌的分生孢子梗和分生孢子。

图4　叶片正面与背面病斑对比

图5　正面病斑上产生不明显的散生小黑点

图6　病斑上灰褐色霉层

发病重时，叶片上产生大量病斑，病斑汇合在一起，常使叶片干枯脱落（图 7）。叶柄和茎秆上的病斑为长椭圆形、暗褐色，病斑中间稍凹陷（图 8）。

图 7　病斑汇合常使叶片干枯

图 8　茎秆上病斑

发生规律

病原菌为花生尾孢菌，属半知菌亚门真菌，丛梗孢目，尾孢菌属，有性世代为落花生球腔菌，属子囊菌亚门，座囊菌目，球腔菌属，国内尚未发现。主要以分生孢子和菌丝体在花生病残体上越冬，翌年产生分生孢子，借风雨或昆虫进行传播进行初次侵染和再侵染，从叶片表面气孔或直接穿透表皮侵入致病（图 9）。病斑上产生分生孢子，成为田间病害再侵染源，春花生上的病菌又成为夏花生的初侵染源。该病菌只为害花生，尚未发现其他寄主。河南、山东等地一般 6 月上旬始见，7 月中旬至 8 月下旬为发生盛期；南方春花生于 4 月开始发生，6 ~ 7 月为害最重。

图 9　病斑上的孢子再侵染

病菌生长发育最适温度为 25 ~ 28℃、相对湿度在 80% 以上。高温、多雨、多雾、多露、日照不足的高湿天气有利于病害的发生和蔓延，大雨过后骤晴、闷热，病情迅速发展，特别是 7 ~ 8 月多雨潮湿天气发病重，干旱少雨的天气发病较轻。氮肥施用过多、植株生长过嫩多汁，土壤黏重、偏酸，重茬连作等地块发病重，土壤肥力不足、耕作粗放、杂草丛生的地块，植株抗性降低，发病较重。一般在水肥充足、地势低洼、土壤潮湿、田间病残体多的地块易发病。在种植密度大、植株生长茂密而又少见阳光的中下部叶片上发病较多（图 10）。花生生育前期发病少而轻，老叶发病多而重。花生品种间抗性有差异，直生型品种较蔓生型或半蔓生型品种抗病，晚熟品种发病较重。

图 10　植株中下部叶片发病

防治措施

1. 农业防治　因地制宜选种抗（耐）病品种或无病种子，实行多个品种搭配与轮换种植。适时播种，合理密植，重病田与甘薯、玉米、水稻、大豆等非寄主作物实行 2 年以上的轮作。避免偏施氮肥，施足基肥，增施磷钾肥，适时喷洒植物生长调节剂，调控植株生长。雨后及时清沟排水，降低湿度。花生收获后及时清洁田园，清除田间病残体，集中烧毁或沤肥，及时深耕土壤。

2. 化学防治　花生开花初期，是防治褐斑病的关键时期。在发病初期，当田间病叶率达到 5% ~ 10% 时，及时喷洒药剂进行防治。

每亩可选用 70% 甲基硫菌灵可湿性粉剂 70 ~ 90g，或 30% 己唑醇悬浮剂 20 ~ 30mL，或 50% 咪鲜胺锰盐可湿性粉剂 40 ~ 60g，或 50% 氯溴异氰尿酸可溶粉剂 40 ~ 80g，或 1.8% 辛菌胺醋酸盐水剂 150 ~ 250mL，或 30% 苯甲 · 丙环唑乳油 20 ~ 30mL 等，对水 40 ~ 50kg，均匀喷雾。也可选用 80% 代森锰锌可湿性粉剂 600 ~ 800

倍液，或50%多菌灵悬浮剂600～800倍液，或80%乙蒜素乳油800～1 000倍液，或10%多抗霉素可湿性粉剂1 000～1 500倍液，或10%苯醚甲环唑水分散粒剂1 000～2 000倍液，或40%氟硅唑乳油5 000～7 000倍液等，均匀喷雾，亩喷药液40～50kg。喷药时宜加入0.03%的有机硅或0.2%洗衣粉作为展着剂，间隔10～15d喷1次，连喷2～3次，药剂应交替施用，可兼治其他叶斑病害。

二、花生黑斑病

分布与为害

花生黑斑病又叫花生晚斑病，俗称黑疸病、黑涩病等，是世界性花生病害。在我国各花生产区均有发生，是花生上最常见的叶部病害之一。花生整个生长季节均可发生，发病盛期在花生的生长中后期（图1）。病叶出现大量病斑，光合作用效能降低，常造成植株大量落叶，影响荚果饱满度和成熟度。受害花生一般减产 10% ~ 20%，重者减产 40% 以上。

图 1　花生黑斑病严重发生田块

症状特征

花生黑斑病的症状与褐斑病大致相似，为害部位相同，两者多同时混合发生（图 2），主要为害叶片，严重时也为害叶柄、托叶、茎秆和荚果。

发病初期叶片上产生锈褐色小斑点（图 3），后扩大形成直径 1 ~ 5mm 近圆形或圆形病斑，暗褐色至黑褐色（图 4），叶片正、背两面颜色相近（图 5）。病斑周围通常没有黄色晕圈，老病斑或有较窄、

图 2　褐斑病与黑斑病混合发生

图 3　发病初期锈褐色小斑点

图 4　斑点扩大为暗褐色至黑褐色病斑

图 5　叶片病斑正、背面颜色相近

不明显的淡黄色晕圈（图 6）。在叶片背面病斑上，通常产生许多黑色小点，即病菌的子座，呈同心轮纹状（图 7），并有一层灰褐色霉状物（图 8），即病菌的分生孢子梗和分生孢子。病害严重时，产生大量病

图 6　病斑或有较窄、不明显的淡黄色晕圈

图 7　叶片背面病斑上同心轮纹状小黑点

图 8　叶片背面病斑上灰褐色霉状物

图 9　叶片产生大量病斑

图 10　大量病斑引起叶片干枯脱落

斑（图 9），引起叶片干枯脱落（图 10）。叶柄（图 11）和茎秆上病斑椭圆形（图 12）或线形，深褐色至黑褐色，病斑多时连成不规则大斑（图 13），严重的整个叶柄（图 14）和茎秆变黑枯死（图 15）。

图 11　叶柄上的病斑

图 12　茎秆上的椭圆形病斑

图 13　茎秆上病斑连成大斑及线形病斑

图 14　叶柄变黑枯死

图 15　茎秆变黑枯死

发生规律

病原菌为球座尾孢菌，属半知菌亚门真菌，丛梗孢目，尾孢菌属，有性世代为伯克利球腔菌，属子囊菌亚门，座囊菌目，球腔菌属，国内尚未发现。主要以菌丝体或分生孢子座随病残体遗落土壤中越冬，也可以分生孢子黏附在种荚、茎秆表面越冬。翌年产生分生孢子随风雨传播，从叶片表面气孔或直接穿透表皮侵入致病，病斑上产生分生孢子进行再侵染。该病菌只为害花生，尚未发现其他寄主。在河南、河北、山东等北方花生产区，黑斑病始发期和盛发期均较褐斑病晚 10 ~ 15d，一般 6 月中下旬始见，7 月下旬至 9 月上旬为发生盛期。

病菌生长发育最适温度为25 ~ 28℃、相对湿度在80%以上。适温高湿的天气，尤其是植株生长中后期降水频繁，田间湿度大或早晚雾大露重天气持续最有利发病，天气少雨干旱发病轻。连作地、沙质土或土壤瘠薄、施肥不足、植株生长势差的地块发病较重。在植株生育前期发病轻，后期发病重，在花生收获前1个月内发病最重。一般生长衰老、分枝稀少、通风透光的植株上病斑多，嫩叶发病轻，成叶和老叶发病重，底部叶片较上部叶片发病早且重。花生品种间抗病性有差异，直生型品种较蔓生型或半蔓生型品种发病轻，叶片小而厚、叶色深绿、气孔较小的品种病情发展较缓慢。

防治措施

1. 农业防治 因地制宜选种抗（耐）病品种或无病种子。适时播种，合理密植，重病田与甘薯、玉米、水稻、棉花等作物实行2年以上的轮作。避免偏施氮肥，施足基肥，增施磷钾肥，适时喷洒植物生长调节剂，调控植株生长。雨后及时清沟排渍降湿。花生收获后，及时清除田间病残体，集中烧毁或沤肥，深耕土壤。

2. 化学防治 在发病初期，当田间病叶率达到10%以上时，及时喷洒药剂进行防治。

每亩可选用70%甲基硫菌灵可湿性粉剂70 ~ 90g，或25%联苯三唑醇可湿性粉剂50 ~ 80g，或50%咪鲜胺锰盐可湿性粉剂40 ~ 60g，或50%氯溴异氰尿酸可溶粉剂40 ~ 80g，或1.8%辛菌胺醋酸盐水剂150 ~ 250mL，或25%丙环唑乳油30 ~ 50mL等，对水40 ~ 50kg，均匀喷雾。也可选用75%百菌清可湿性粉剂600 ~ 800倍液，或50%多菌灵悬浮剂600 ~ 800倍液，或50%腐霉利可湿性粉剂800 ~ 1 000倍液，或24%腈苯唑悬浮剂1 000 ~ 1 500倍液，或12.5%烯唑醇可湿性粉剂1 000 ~ 2 000倍液，或40%氟硅唑乳油5 000 ~ 7 000倍液等，均匀喷雾，亩喷药液40 ~ 50kg。喷药时宜加入0.03%的有机硅或0.2%洗衣粉作为展着剂，间隔10 ~ 15d喷1次，连喷2 ~ 3次，药剂应交替施用，可兼治其他叶斑病害。

三、花生网斑病

分布与为害

花生网斑病又叫花生褐纹病、云纹斑病、污斑病、网纹斑病等，是世界性花生病害。在我国北方花生产区普遍发生，是花生叶斑类病害中蔓延快、为害重的病害之一。花生整个生长期均可发生，以中后期发病最重。常与其他叶斑类病害混合发生，引起花生生长后期大量落叶（图 1），严重影响产量，一般减产 10% ~ 20%，重者达 30% 以上。

图 1　花生网斑病与其他叶斑病混合发生

症状特征

花生网斑病主要为害叶片，其次为害叶柄和茎秆。通常表现污斑和网纹两种类型症状。

通常植株下部叶片先发病（图 2），初在叶片正面产生褐色小点（图 3），后呈星芒状向外扩展（图 4），逐渐形成由白色、灰白色（图 5）、

图 2　通常植株下部叶片先发病

图 3　初在叶片正面产生褐色小点

图 4　呈星芒状向外扩展

图 5　白色、灰白色病斑

褐色至黑褐色近圆形大斑（图6），边缘呈网状不清晰，表面粗糙、着色不均匀（图7，图8），或有褪绿晕圈（图9）。湿度大时，形成褐色至黑褐色大块污斑（图10），后期病部有不明显的黑色

图6　褐色、黑褐色病斑

图7　病斑表面粗糙、着色不均匀

图8　病斑表面粗糙、着色不均匀

图9　病斑有褪绿晕圈

图 10 湿度大时，形成褐色至黑褐色大块污斑

图 11 后期病部可见不明显的黑色小粒点

小粒点（图 11），即病菌的分生孢子器；湿度低时，叶片正面出现白色至褐色网纹状斑痕（图 12）。叶片背面初期无症状（图 13），后期可

图 12 湿度低时，叶片正面出现白色至褐色网纹状斑痕

穿透叶片形成浅褐色病斑，比叶片正面稍小（图 14）。叶柄和茎秆受害，初为褐色小点，后扩展成长条形或椭圆形病斑，中央稍凹陷（图 15），严重时可引起茎叶枯死（图 16，图 17）。

图 13　初期病斑叶片正面与背面症状对比

图 14　后期病斑叶片正面与背面症状对比

图 15　茎秆上的病斑

图 16 病茎枯死

图 17 发病严重时茎叶枯死

发生规律

病原菌为花生网斑病菌，属半知菌亚门真菌，球壳孢目，茎点霉属。有性世代为花生亚隔孢壳菌，属子囊菌亚门，假球壳目，亚隔孢壳属，在病害侵染中不起作用。以菌丝、分生孢子器、厚垣孢子和分生孢子等在病残体上越冬。翌年条件适宜时，分生孢子器释放出分生孢子，借风雨传播进行初侵染和多次再侵染，穿透表皮直接侵入致病。在人工接种的条件下，该病菌可侵染大豆、甜三叶草、多毛豌豆等豆科植物。一般在花生花期开始发生，在河南、河北、山东、辽宁、陕西等北方花生产区，6 月上旬田间始见，7 ~ 9 月为发生盛期。

病菌生长发育最适温度为 20 ~ 25℃。花生生长中后期，遇持续阴雨天气，在低温（15 ~ 29℃）、潮湿（相对湿度在 85% 以上）条件下，易发生和流行，一般雨后约 10d 出现发病高峰。田间湿度大的水浇地、涝洼地易发病；花生连作、覆膜、密植、平地种植地比轮作、露栽、稀植、起垄种植地发病重。花生品种间抗病性有差异。

防治措施

1. 农业防治 因地制宜选种抗（耐）病品种或无病种子。适时播种，合理密植，重病田与甘薯、玉米、水稻、棉花、大豆等作物实行 2 年以上的轮作，与小麦套种。改平地种植为起垄种植。避免偏施氮肥，施足基肥，增施磷钾肥，并适当增补钙肥。及时中耕松土，雨后及时排出田间积水，降低田间湿度。花生收获后，及时清除田间病残体，集中烧毁或沤肥，及时深耕深翻土壤。播后苗前结合化学除草混配杀菌剂喷洒，封锁地面初侵染菌源。

2. 化学防治 在发病初期，当田间病叶率达到5%以上时，及时喷洒药剂进行防治。

每亩可选用80%代森锰锌可湿性粉剂60～75g，或50%多菌灵悬浮剂50～80mL，或50%咪鲜胺锰盐可湿性粉剂40～60g，或25%戊唑醇可湿性粉剂30～40g，或50%氯溴异氰尿酸可溶粉剂40～80g，或25%丙环唑乳油30～50mL等，对水40～50kg，均匀喷雾。也可选用75%百菌清可湿性粉剂600～800倍液，或80%硫黄水分散粒剂500～1 000倍液，或50%腐霉利可湿性粉剂800～1 000倍液，或10%多抗霉素可湿性粉剂1 000～1 500倍液，或10%苯醚甲环唑水分散粒剂1 000～2 000倍液，或40%氟硅唑乳油5 000～7 000倍液等，均匀喷雾，亩喷药液40～50kg。喷药时宜加入0.03%的有机硅或0.2%洗衣粉作为展着剂，间隔10～15d喷1次，连喷2～3次，药剂应交替轮换施用，可兼治其他叶斑病害。

四、花生焦斑病

分布与为害

花生焦斑病又叫花生叶焦病、枯斑病、胡麻斑病等，在我国各花生产区均有发生，在河南、山东、湖北、广东、广西等地发生严重。多在花生初花期开始发生，田间病株率一般为 20% ~ 30%，严重时可达 100%，在急性流行情况下，可在很短时间内引起植株大量叶片枯死，造成花生严重减产（图 1）。

图 1　花生焦斑病为害状

症状特征

花生焦斑病主要为害叶片，也可为害叶柄、茎秆和果柄。通常产生焦斑和胡麻斑两种类型症状。

图 2　病斑呈楔形或半圆形向内发展

叶片受害，多数从叶尖、少数从叶缘开始发病，病斑呈楔形或半圆形向内发展（图 2），由初期褪绿渐变黄、变褐（图 3），边缘深褐色，周围有黄色晕圈（图 4），后病部变灰褐色

图 3　病斑由初期褪绿渐变黄、变褐

图 4　边缘深褐色，周围有黄色晕圈

至深褐色，枯死破裂（图 5），状如焦灼（图 6）。叶片中部病斑，初与黑斑病、褐斑病相似，形成近圆形或不规则形的褐色大斑（图 7）；病斑中央灰褐色或灰色，常有一明显褐色点，周围有轮纹（图 8）。后期病斑上产生许多小黑点（图 9），即病菌的子囊壳。焦斑病与其他叶部病害混生时，常把其他病斑含在其病斑内（图 10）。当病菌从叶片非边缘侵染时，有明显胡麻斑状，常在叶片正面产生许多褐色或黑色小

图 5　病斑枯死破裂，叶片正面与背面对比

图 6　病斑焦灼状

图 7　叶片中部病斑扩大成近圆形褐色大斑

图 8　病斑中央灰褐点及周围有轮纹

图 9　病斑上产生许多小黑点

图 10　病斑内包含其他病斑

点，直径约 1mm，不规则至近圆形，有时凹陷（图 11）。收获前多雨多露情况下，病害出现急性症状，叶片上产生圆形或不规则形黑褐色水渍状大斑块，边缘不明显（图 12），迅速蔓延造成全叶变黑褐色焦

图 11 斑病的胡麻斑症状

图 12 叶片上发生急性症状

图 13 叶片上急症蔓延造成全叶变黑褐色焦灼状枯死

灼状枯死（图 13），并发展到叶柄、茎、果柄上（图 14）。茎及叶柄受害，病斑呈不规则形，浅褐色，水渍状（图 15），上生小黑点（图 16）。

图 14　急症蔓延全株变黑褐色焦灼状枯死

图 15　茎部病斑

图 16　茎秆上的焦斑

发生规律

病原菌为落花生小光壳菌，属子囊菌亚门真菌，座囊菌目，小光壳菌属；尚未发现有性世代。以子囊壳和菌丝体在病残体上越冬。翌年遇适宜条件释放子囊孢子，借风雨传播，直接穿透表皮侵入致病，病斑上产生子囊壳，释放子囊孢子进行再侵染。花生生长期可出现多次再侵染。每次再侵染后，即出现 1 次发病高峰。田间通常比褐斑病发生还早，在结荚中后期为害加重，在田间分布不均匀，有发病中心。

下部叶片首先发病，然后向中、上部蔓延。

适温高湿、雨水频繁的天气有利于发病，气温25～28℃、相对湿度70%～74%，有利于病菌孢子产生，子囊孢子扩散高峰在晴天露水初干和开始降水时。病害潜育期15～20d。植株生长衰弱或生长过旺时易发病，田间低洼积水、湿度大、土壤贫瘠、偏施氮肥的地块发病重。花生品种间抗病性有显著差异。

防治措施

1. 农业防治　因地制宜选种抗（耐）病品种或无病种子。加强栽培管理，适当密植，播种密度不宜过大。施足基肥，增施磷钾肥，增强植株抗病力。雨后及时排水降低田间湿度。采用轮作、清除病株残体、深翻土地。

2. 化学防治　在发病初期，当田间病叶率达到10%以上时，及时喷洒药剂进行防治。

每亩可选用80%代森锌可湿性粉剂60～100g，或50%多菌灵悬浮剂50～80mL，或50%咪鲜胺锰盐可湿性粉剂40～60g，或70%甲基硫菌灵可湿性粉剂70～90g，或50%氯溴异氰尿酸可溶粉剂40～80g，或12.5%烯唑醇可湿性粉剂25～35g等，对水40～50kg，均匀喷雾。也可选用75%百菌清可湿性粉剂600～800倍液，或50%福美双可湿性粉剂600～800倍液，或50%腐霉利可湿性粉剂800～1 000倍液，或45%咪鲜胺水乳剂1 000～1 500倍液，或20%三唑酮乳油1 000～2 000倍液，或43%戊唑醇悬浮剂5 000～7 000倍液等，均匀喷雾，亩喷药液40～50kg。喷药时宜加入0.03%的有机硅或0.2%洗衣粉作为展着剂，间隔10～15d喷1次，连喷2～3次，药剂应交替轮换施用，可兼治其他叶斑病害。

五、花生锈病

分布与为害

花生锈病是一种世界性和暴发性的叶部病害，在我国除东北和西北尚未见正式报道外，其他地区均有不同程度的发生，近年呈自南向北扩展蔓延加重趋势。花生各生育期均可发病，但以结荚后期发生严重，引起植株提前落叶、早熟，造成花生减产、出油率下降（图1）。发病越早，损失越重，一般减产约20%，重者减产50%以上。

图1　花生锈病严重发生的田块

症状特征

花生锈病主要为害花生叶片，也可为害叶柄、托叶、茎秆、果柄和荚果。

叶片发病，初在叶片背面出现针尖大小的疹状白色斑点（图 2），叶片正面呈现黄色小点（图 3），后叶背面病斑变圆形，并逐渐扩大，呈黄褐色突起，直径 0.3 ~ 0.6mm，为病菌的夏孢子堆。夏孢子堆周围有狭窄的黄色晕圈（图 4）。表皮破裂后，露出铁锈色的粉末状物（图 5），

图 2　叶片背面出现针尖大小的疹状白色斑点

图 3　叶片正面呈现黄色小点

图 4　夏孢子堆与黄色晕圈

图 5　表皮破裂露出铁锈色粉六状物

即病菌的夏孢子。叶片正面的夏孢子堆比背面的少且小（图 6）。随着夏孢子堆增多，叶片变黄（图 7）、干枯脱落（图 8），严重时植株枯死（图 9）。一般下部叶片先发病，然后向顶部叶片扩展（图 10）。其他部位发病，夏孢子堆与叶片上的相似，直径 1 ~ 2mm（图 11）。重病株较矮小，形成发病中心，提早落叶枯死（图 12），收获时果柄易断、落荚。

图 6　同一叶片正面与背面夏孢子堆比较

图 7　夏孢子堆增多，叶片变黄

图 8　夏孢子堆增多，叶片干枯

图 9　叶片脱落，病株枯死

图 10　下部叶片先发病，向顶部扩展

图 11　叶柄托叶等部位的夏孢子堆

图 12　发病中心

发生规律

病原菌为花生柄锈菌，属担子菌亚门真菌，锈菌目，柄锈菌属。侵染循环全靠夏孢子完成，国内尚未发现冬孢子。在广东、海南等地，四季种植花生，全年都可发生，可在冬花生、自生苗、病残体、果壳上越冬。北方花生产区的初侵染菌源可能来自南方。病株上的夏孢子堆产生的夏孢子借风雨传播，在叶片具有水膜的条件下进行再侵染，由气孔或伤口侵入。一般自花期开始发病，从发病到成片枯死，只需 1 ~ 2 周。该病菌只为害花生，尚未发现其他寄主。每年一般有 5 ~ 6 月、9 月两个发生盛期。

菌源数量、气候条件是影响锈病发生和流行的主要因素。发病最适温度为 25 ～ 28℃，潜育期 6 ～ 15d，孢子在有水膜的情况下才能萌发。菌源量大、雨日多、雾大或露水重，易引起锈病流行，高温、高湿、温差大利于病害发生蔓延。春花生早播病轻，晚播病重；秋花生则早播病重，晚播病轻。花生连作、过度密植、偏施氮肥、植株生长繁茂、田间郁闭、通风透光不良、排水条件差，发病重。

防治措施

1. 农业防治 选用抗（耐）病品种，注意品种合理搭配。花生与小麦、玉米等禾本科作物实行 1 ～ 2 年轮作。因地制宜调整播期，春花生适当早播，秋花生适当晚播，合理密植。配方施肥，施足基肥，增施磷肥、钾肥、钙肥和有机肥。高畦深沟栽培，雨后及时清沟、排水、降湿。清洁田园，中耕除草，及时处理病株残体，清除自生苗，防治发病中心。

2. 化学防治 在发病初期，当田间病株率达 15% ～ 20% 或近地面 1 ～ 2 片叶有 2 ～ 3 个夏孢子堆时，及时喷洒药剂进行防治。

每亩可选用 75% 百菌清可湿性粉剂 100 ～ 120g，或 12.5% 烯唑醇可湿性粉剂 20 ～ 40g，或 40% 氟硅唑乳油 8 ～ 10mL，或 30% 醚菌酯悬浮剂 50 ～ 70mL，或 25% 戊唑醇水乳剂 25 ～ 35mL，或 45% 咪鲜胺水乳剂 30 ～ 50mL 等，对水 40 ～ 50kg，均匀喷雾。也可选用 50% 克菌丹可湿性粉剂 400 ～ 600 倍液，或 4% 嘧啶核苷类农用抗生素水剂 400 ～ 600 倍液，或 24% 腈苯唑悬浮剂 1 000 ～ 1 500 倍液，或 10% 苯醚甲环唑水分散粒剂 1 000 ～ 2 000 倍液，或 20% 三唑酮乳油 1 000 ～ 2 000 倍液，或 25% 丙环唑乳油 1 000 ～ 2 000 倍液等，均匀喷雾，亩喷药液 40 ～ 50kg。可兼治黑斑病、褐斑病、网斑病、焦斑病、炭疽病、疮痂病等病害。喷药时可加入 0.03% 的有机硅或 0.2% 洗衣粉作为展着剂，间隔 10 ～ 15d 喷 1 次，连防 2 ～ 3 次，药剂应交替轮换使用。

六、花生炭疽病

分布与为害

花生炭疽病在亚洲、非洲、美洲等都有报道，在我国各花生产区也均有零星发生，造成叶片干枯，影响植株结荚，降低荚果产量，但一般对产量影响不大（图 1）。

图 1　花生炭疽病为害状

症状特征

花生炭疽病主要为害叶片，也可为害叶柄、茎秆。

植株下部叶片发病早且多，从叶缘、叶尖或叶片的中部均可侵染发病（图2），沿叶脉扩展，产生楔形、近圆形、长椭圆形或不规则形病斑，褐色或暗褐色（图3），有不明显轮纹（图4）。后期病斑边缘黄褐色，中央灰白色至灰褐色（图5），

图2　发病初期

图3　褐色或暗褐色病斑

图4　病斑上有不明显轮纹

图5　后期病斑

干枯后破裂穿孔（图 6）。病斑上散生许多小黑点（图 7），即病菌的分生孢子盘，放大镜下，还隐现黑色刺毛状物，即分生孢子盘上的刚毛。

图 6　病斑破裂穿孔，叶片正面与背面对比

图 7　病斑上散生小黑点，叶片正面与背面对比

发生规律

病原菌为平头刺盘孢菌和花生刺盘孢菌等，属半知菌亚门真菌，黑盘孢目，炭疽菌属。以菌丝体和分生孢子盘随病残体在土中越冬，或以分生孢子附着荚果或种子上越冬。翌年菌丝体和分生孢子盘产生分生孢子，借风雨或昆虫传播，从寄主的伤口或气孔侵入致病。病斑上产生新的分生孢子，进行多次再侵染。除为害花生外，病菌还为害茄子、豇豆、苜蓿等作物。

温暖高湿的环境有利于发病。花生连作或偏施氮肥、植株长势过旺、排水不良的地块，发病较重。

防治措施

1. 农业防治　选用抗（耐）病品种，播种前连壳晒种，精选种子。重病区花生可与小麦、玉米等禾本科作物实行轮作。加强栽培管理，清除病株残体，深翻土壤，合理密植，配方施肥，增施磷肥、钾肥，避免偏施、过施氮肥，雨后及时清沟排渍，降低田间湿度。

2. 化学防治　播种前，可对种子进行包衣或拌种；发病初期，结合其他叶斑病及早喷药预防控制。

（1）种子处理：播种前，可按药种比，选用3%苯醚甲环唑悬浮种衣剂1∶（250 ~ 500），或50%多菌灵可湿性粉剂1∶（100 ~ 200），或1.5%咪鲜胺悬浮种衣剂1∶（100 ~ 120），或41%唑醚·甲菌灵悬浮种衣剂1∶（273 ~ 820）等包衣或拌种。也可按种子重量，选用0.6% ~ 0.8%的25g/L咯菌腈悬浮种衣剂，或0.2% ~ 0.4%的50%异菌脲可湿性粉剂，或0.04% ~ 0.08%的350g/L精甲霜灵种子处理乳剂，或0.5% ~ 0.6%的35%噻虫·福·萎锈悬浮种衣剂等包衣或拌种。

（2）药剂喷雾：每亩可选用30%己唑醇悬浮剂20 ~ 30mL，或75%百菌清可湿性粉剂100 ~ 120g，或12.5%烯唑醇可湿性粉剂20 ~ 40g，或40%氟硅唑乳油8 ~ 10mL，或30%醚菌酯悬浮剂50 ~ 70g，或50%咪鲜胺锰盐可湿性粉剂40 ~ 60g等，对水40 ~ 50kg，均匀喷雾。也可选用50%福美双可湿性粉剂600 ~ 800倍液，或25%溴菌腈可湿性粉剂600 ~ 800倍液，或24%腈苯唑悬浮剂1 000 ~ 1 500倍液，或10%苯醚甲环唑水分散粒剂1 000 ~ 2 000倍液，或43%戊唑醇悬浮剂5 000 ~ 7 000倍液等，均匀喷雾，亩喷药液40 ~ 50kg。喷药时可加入0.03%的有机硅或0.2%洗衣粉作为展着剂，间隔10 ~ 15d喷1次，连喷2 ~ 3次，药剂应交替轮换使用，可兼治其他叶斑病害。

七、花生疮痂病

分布与为害

花生疮痂病是花生上的一种重要病害，在国外主要分布在亚洲和南美洲，在我国主要分布于广东、江苏、福建、广西等南方各花生产区，河南、山东、河北、辽宁等产区也有零星发生。花生整个生育期均可发病，盛期在下针结荚期和饱果成熟期。造成植株矮缩，叶片变形、皱缩、扭曲（图1），严重影响花生产量和质量，一般发病地块减产10% ~ 30%，重者减产50%以上。

图1 病株受害状

症状特征

花生疮痂病主要为害叶片、叶柄、茎秆，也可为害托叶和果柄。主要特征是患病部位均表现木栓化疮痂状，病症通常不明显，但在高湿条件下，病斑上长出一层深褐色绒状物，即病菌的分生孢子盘。

图 2　叶片上病斑

叶片受害，初期在叶正面、背面出现近圆形针刺状的褪绿色小斑点，后形成直径 1 ~ 2mm 的近圆形至不规则形病斑，中央稍凹陷、淡黄褐色，边缘红褐色，干燥时破裂或穿孔（图 2）；叶背面主脉和侧脉上的病斑锈褐色，常连成短条状，表面呈木栓化粗糙；嫩叶上病斑多时，全叶常皱缩畸形（图 3）。叶柄、茎秆和果柄受害，病斑卵圆形至短梭状，直径约 3mm，褐色至红褐色，

图 3　叶背及嫩叶上病斑

中部凹陷，边缘稍隆起，有的呈典型“火山口”状，斑面龟裂，木栓化粗糙更为明显；茎部病斑还常连片绕茎扩展，有的长达 1cm 以上（图 4）；被害果柄有的还肿大变形，荚果发育明显受阻。发生严重时，病斑遍布全株，融合成片，造成茎上部“S”状弯曲、顶部叶片畸形（图 5），植株显著矮化，茎、叶及果柄枯死。

图 4　茎部病斑

图 5　病株茎秆“S”状弯曲，叶片畸形

发生规律

病原菌为落花生痂圆孢菌，属半知菌亚门真菌，黑盘菌目，痂圆孢属。以分生孢子盘在病残体上越冬，厚垣孢子可在土壤中长期存活。翌年分生孢子盘产生分生孢子进行初侵染和再侵染，借助风雨、土壤传播，也可借带病荚果传播，从伤口侵入或表皮直接侵入致病。该病菌只侵染花生，不侵染其他豆科植物。在田间分布不均匀，有发病中心。一般在 6 月中下旬开始发病，7 ~ 8 月为发病盛期。

病菌具有潜伏期短、再侵染频率高、孢子繁殖量大的特点。生长发育最适温度为 25 ~ 30℃，最适 pH 值 6.0。高温高湿有利于发病，雨季早、雨量大可致发病早、蔓延迅速、大面积暴发。花生感病品种果荚带病率高，且病荚壳传病效率高。花生在下针结荚期和饱果成熟期易感病，感病品种此期遇 3d 以上降水时，病害就可能流行发生。花生连作、田间病残体多的地块发病早、发病重，地膜覆盖发病迟、为害轻。土壤黏重、偏酸性、氮肥施用过多，易感病。花生品种间的抗病性有一定差异。

防治措施

1. 农业防治 选育抗病品种，因地制宜合理选种抗（耐）病品种。重病田与玉米、甘薯等非寄主作物实行 3 年以上轮作，水旱轮作效果更佳。及时清洁田园，清除田间病残体，深翻土壤灭茬，带病秸秆、果壳应在 3 月前处理完毕。施足基肥，配方施肥，适当增施磷肥、钾肥，不用含有病残体未腐熟的有机肥。春花生采用地膜覆盖，下针期前及时喷施植物生长调节剂调控生长。科学灌水，严禁连续灌水和大水漫灌，大雨过后及时清沟排渍降湿。

2. 化学防治 药剂种子处理，防止种子带菌；病害发生后，结合其他病害喷药防控。

（1）种子处理：播种前，可按药种比，选用 25g/L 咯菌腈悬浮种衣剂 1:（125 ~ 167），或 1.5% 咪鲜胺悬浮种衣剂 1:（100 ~ 120），或 50% 甲基硫菌灵可湿性粉剂 1:（100 ~ 200），或 25% 多·福·毒死蜱悬浮种衣剂 1:（50 ~ 60）等包衣。也可按种子重量，选用 0.2% ~ 0.4% 的 3% 苯醚甲环唑悬浮种衣剂，或 0.2% ~ 0.4% 的 50% 异菌脲可湿性粉剂，或 0.04% ~ 0.08% 的 350g/L 精甲霜灵种子处理乳剂，或 0.1% ~ 0.3% 的 12.5% 烯唑醇可湿性粉剂等包衣或拌种。

（2）药剂喷雾：发病初期，结合其他叶斑病及早喷药预防控制。每亩可选用 80% 代森锰锌可湿性粉剂 60 ~ 75g，或 75% 百菌清可湿性粉剂 100 ~ 120g，或 25% 丙环唑乳油 30 ~ 50mL，或 50% 氯溴异氰尿酸可溶粉剂 40 ~ 80g，或 40% 氟硅唑乳油 8 ~ 10mL，或 50% 咪鲜胺锰盐可湿性粉剂 40 ~ 60g 等，对水 40 ~ 50kg，均匀喷雾。也可选用 50% 福美双可湿性粉剂 600 ~ 800 倍液，或 50% 多菌灵悬浮剂 600 ~ 800 倍液，或 80% 乙蒜素乳油 800 ~ 1 000 倍液，或 24% 腈苯唑悬浮剂 1 000 ~ 1 500 倍液，或 12.5% 烯唑醇可湿性粉剂 1 000 ~ 2 000 倍液，或 25% 吡唑醚菌酯乳油 4 000 ~ 6 000 倍液等，均匀喷雾，亩喷药液 40 ~ 50kg。喷药时可加入 0.03% 的有机硅或 0.2% 洗衣粉作为展着剂，间隔 10 ~ 15d 喷 1 次，连防 2 ~ 3 次，药剂应交替轮换使用，可兼治其他叶斑病害。

八、花生病毒病

分布与为害

花生病毒病是一类世界性重要的花生病害，种类较多，我国发生的花生病毒病主要有条纹病毒病（PStV）、黄花叶病毒病（CMV）、矮化病毒病（PSV）、斑驳病毒病（PMoV）、芽枯病毒病（PBNV）等。其中以条纹病毒病流行最广，遍及全国各花生产区，黄化叶病毒病、矮化病毒病主要发生和流行于河南、山东、河北、北京、辽宁、陕西、

图 1　花生病毒病发生田块

江苏、安徽等花生产区，斑驳病毒病零星分布于江苏、山东、河南等花生产区，芽枯病毒病主要分布在广东、广西、海南等南方花生产区。一般发生年份，病株率 20% ~ 50%，减产 5% ~ 20%，大发生年份，病株率 90% 以上，减产 30% ~ 40%。发病越早，减产越重，早期感病株减产 30% ~ 50%（图 1）。

症状特征

花生病毒病是系统性侵染病害，花生感病后往往全株表现症状，几种病毒病常混合发生（图 2），表现出黄斑驳、绿色条纹等复合症状，不易区分（图 3）。

图2　病毒病混合发生

图3　病毒病混合发生症状

（1）条纹病毒病：又叫花生轻斑驳病毒病。初在顶端嫩叶上出现褪绿斑（图 4）和环斑（图 5），后发展成黄绿相间的轻斑驳（图 6）或斑块（图 7）、沿侧脉出现断续绿色条纹（图 8）或橡叶状花纹（图 9），或一直呈系统性的斑驳症状。随植株生长，症状逐渐扩展到全株叶

图4　顶端嫩叶出现褪绿斑

图 5　顶端嫩叶出现环斑

图 6　黄绿相间的轻斑驳

图 7　黄绿相间的斑块

图 8　沿侧脉出现断续的绿色条纹

图 9　橡叶状花纹

片（图 10）。除发病早的病株稍矮外，一般不矮化（图 11）。荚果小而少，种皮上有紫斑，果仁或变紫褐色。

图 10　症状扩展到全株叶片

图 11　发病早的病植株稍矮

（2）黄花叶病毒病：又叫花生花叶病。初在顶端嫩叶上出现褪绿黄斑（图 12），叶脉变淡，叶色发黄，叶缘上卷，叶片变小（图 13），随后发展为黄绿相间的黄花叶（图 14）、网状明脉、绿色条纹和叶缘黄褐色镶边等症状（图

图 12　顶端嫩叶上出现褪绿黄斑

图 13　黄花叶病毒病症状

图 14　黄绿相间的黄花叶症状

15），病株比健株矮1/5 ~ 1/4。荚果小而轻，果壳厚薄不均，果仁变小呈紫红色。发生后期症状有减轻趋势。

（3）矮化病毒病：又叫花生普通花叶病。顶端叶片出现褪绿斑（图16），后发展成黄绿相间的普通花叶症状（图17），沿侧脉出现辐射状绿色小条纹和斑点。新叶片展开时通常是黄色的，但可以转变成正常绿色。叶

图15　叶缘黄褐色镶边

图16　顶端叶片出现褪绿斑

图17　黄绿相间的普通花叶症状

图18　叶缘出现波状扭曲

图19　病株比健株明显矮化

片变小肥厚，叶缘出现波状扭曲（图 18）。病株比健株矮 1/3 ~ 2/3（图 19），须根和根瘤明显稀少。开花结果少，荚果小、畸形或开裂，果仁小，紫红色。

（4）斑驳病毒病：初在嫩叶上出现深绿与浅绿相嵌的斑驳（图 20）、斑块（图 21）或黄褐色坏死斑（图 22），近圆形、半月形、楔形

图 20　嫩叶上出现黄绿斑驳

图 21　嫩叶上出现黄绿斑块

图 22　嫩叶上出现黄褐色坏死斑块

图 23　黄褐色坏死斑叶片正、背面比较

图 24　逐渐扩展到全株叶片

或不规则形，叶片正、背面症状对比见图 23，叶缘卷曲，后逐渐扩展到全株叶片（图 24），坏死斑病株萎缩瘦弱，其他病株矮化不明显或不矮化。荚果小而少，种皮上有紫斑，果仁或变紫褐色。

（5）芽枯病毒病：顶端叶片起初出现很多伴有坏死的褪绿黄斑或环斑，叶柄或顶端表皮下的维管束变褐坏死，并且顶端叶片和生长点枯死，顶端生长受到抑制，严重的，节间短缩、叶片坏死，植株明显矮化。

发生规律

病原是不同类型的病毒。除芽枯病毒病由蓟马传播外，其他 4 种病毒病则通过种子和蚜虫传播，汁液摩擦也可传毒，带毒种子和田间其他越冬的带毒寄主成为翌年初侵染源。传毒蚜虫主要是田间活动的有翅蚜，豆蚜、棉蚜、桃蚜等均可以非持久性传毒方式在田间传播。传毒蓟马有多种，通常通过若虫获毒，成虫传毒，将病毒从其他寄主植物传入花生。带毒种子形成的病苗，一般在出苗 10d 后开始发病，到花期出现高峰。病毒寄主范围广泛，可为害多种农作物及杂草。

花生不同品种对病毒病的抗性有一定差异，一般小粒种子较大粒带毒率高，珍珠型种子传毒率高于龙生型、多粒型和普通型。种子带毒率高、田间毒源量大且距毒源近的地块，发病早且重。花生出苗后20d内降水量小，气候温和干燥，蚜虫、蓟马等传毒介体发生早、发生量大、活动频繁、传毒效率高，病害易于流行；降水量大、温度低，传毒介体发生量小，病害就轻。地膜覆盖的地块病害发生较轻。

防治措施

控制花生病毒病应采用以选用无毒种子和消灭蚜虫、蓟马等传毒介体防传毒为主的综合防治措施。

1. 农业防治 选用抗病性强和种子传毒率低的品种。无病田或无病株留种，荚果单收、单晒、单贮，精选种子，去除小粒仁和紫红色病粒。推广地膜覆盖栽培技术，选用银灰色地膜驱避蚜虫。实行花生与玉米等高秆作物间作。及时拔除病株，清除周围杂草及其他寄主作物，集中烧毁。搞好植物检疫，禁止从病区调种。

2. 化学防治 及时防治蚜虫、蓟马等传毒介体，是药剂防治花生病毒病的有效措施。防治病毒病的药剂与杀虫剂混用，可显著提高防治效果。

（1）种子处理，防治传毒介体：在播种前，可选用600g/L吡虫啉微囊悬浮剂2.5 ~ 4mL拌花生种子1kg；或者选用30%噻虫嗪种子处理悬浮剂按种子量的0.3% ~ 0.5%，或25%噻虫·咯·霜灵悬浮种衣剂按种子量的0.4% ~ 0.8%，或25%甲·克悬浮种衣剂按种子量的2.8% ~ 4%等包衣或拌种；也可选用30%萎锈·吡虫啉悬浮种衣剂按药种比1:（100 ~ 130），或25%克百·多菌灵悬浮种衣剂按药种比1:（80 ~ 85），或15%甲拌·多菌灵悬浮种衣剂按药种比1:（40 ~ 50）等包衣或拌种。

（2）药剂喷雾，防治传毒介体：蚜虫、蓟马发生初期，每亩可选用25g/L溴氰菊酯乳油20 ~ 25mL，或5%啶虫脒可湿性粉剂20 ~ 40g，50%抗蚜威可湿性粉剂10 ~ 20g，25%噻虫嗪水分散粒剂 4 ~ 6g，或 1.8% 阿维菌素 20 ~ 30mL，或 20% 氰戊 · 马拉松乳油 20 ~ 30mL，对水 40 ~ 50kg，均匀喷雾。也可选用 10% 吡虫啉可湿性粉剂 2 000 ~ 3 000 倍液，或 200g/L 丁硫克百威乳油 1 000 ~ 2 000 倍液，或 20% 亚胺硫磷乳油 1 000 倍液，或 2.5% 高效氯氟氰菊酯乳油 2 500 ~ 4 000 倍液，或 240g/L 虫螨腈悬浮剂 1 500 ~ 2 500 倍液，或 25% 辛 · 氰乳油 1 000 ~ 1 500 倍液等，均匀喷雾，亩喷药液 40 ~ 50kg。药液均匀喷施到花生植株上及田内外杂草等寄主上，间隔 7 ~ 10d 防治 1 次，连续防治 2 ~ 3 次。

（3）药剂喷雾，防治病毒病：在发病前或发病初期，每亩可选用 80% 盐酸吗啉胍水分散粒剂 40 ~ 60g，或 50% 氯溴异氰尿酸可溶粉剂 60 ~ 80g，或 8% 宁南霉素水剂 80 ~ 100mL，或 0.1% 大黄素甲醚水剂 60 ~ 100mL，或 1% 香菇多糖水剂 100 ~ 150mL，或 2% 氨基酸寡糖素水剂 150 ~ 250mL 等，对水 40 ~ 50kg，均匀喷雾；也可选用 1.2% 辛菌胺醋酸盐水剂 200 ~ 300 倍液，或 0.5% 几丁聚糖水剂 300 ~ 500 倍液，或 30% 毒氟磷可湿性粉剂 500 倍液，或 2% 嘧肽霉素水剂 500 倍液，或 25% 甲噻诱胺悬浮剂 1 000 倍液，或 24% 混酯 · 硫酸铜水乳剂 400 ~ 500 倍液等，均匀喷雾，亩喷药液 40 ~ 50kg。每隔 7 ~ 10d 喷 1 次，连喷 3 ~ 4 次。

九、花生冠腐病

分布与为害

花生冠腐病又叫花生黑霉病、曲霉病、黑曲霉病等。世界各地均有发生，在我国各花生产区发生也较为普遍。花生从播种、出土到成熟都可感染发病，多在花生出苗至团棵期发生，成株期较少。病害引起植株枯死（图 1），造成缺苗断垄，一般发病地块缺苗在 10% 以下，严重地块可达 30% 以上。

图 1 田间病株枯死

症状特征

花生冠腐病主要为害茎基部，也可为害种仁和子叶，造成死棵或烂种。

花生出苗前发病，引起果仁腐烂，病部长出黑色松软的霉状物即病菌的分生孢子梗和分生孢子。受害子叶变黑腐烂，受害根颈部凹陷，黄褐色至黑褐色（图 2）。出苗后发病，病菌通常先侵染子叶和胚轴结合部，进而侵染茎基部（图 3）。随

图 2　幼苗花生冠腐病典型症状

图 3　病菌侵染子叶和胚轴结合部及茎基部

图 4　病部表皮纵裂、干腐破碎，呈纤维状

着病情的加重，病斑扩大，表皮纵裂，组织干腐破碎，呈纤维状（图 4）。在潮湿的情况下，病部长满松软的黑色霉状物（图 5）。病株呈失水状，很快枯萎死亡（图 6）。拔起病株时易从病部折断（图 7）。将病部纵向切开，可见维管束和髓部变为紫褐色（图 8）。随着植株长大，对病菌抗性增强，死苗现象减少。

图 5　病部长满松软的黑色霉状物

图 6　病株失水枯死

图 7　拔起病株易从病部折断

图 8　病株断面可见维管束和髓部紫褐色

发生规律

病原菌为黑曲霉菌，属半知菌亚门真菌，丝孢目，曲霉属。以菌丝和分生孢子在土壤、病残体及种子上越冬。病菌能在土壤中腐生，寄生性较弱，只能侵染生活力衰弱或受伤的组织。花生播种后，越冬病菌产生的分生孢子萌发，从受伤的种子脐部、子叶间隙或直接从种皮侵入子叶和胚芽，子叶和胚芽最易感病，严重者常腐烂不能出土。花生苗出土后，病菌从残存的子叶处侵染茎基部和根颈部。病斑上产生分生孢子，借风雨、气流传播进行再侵染。田间侵染多发生在种子发芽后 10d 以内，潜育期约 6d，多数病株在发病 10 ~ 30d 死亡，一般在花生开花期达到发病高峰。除花生外，病菌还可为害棉花、苹果、梨、石榴、枣、柑橘、香蕉、无花果等植物。

种子质量的好坏是影响发病的重要因素，种子内外都可带菌，带菌种子可以直接引起病害的发生。种子带菌率高、种子破损或霉变等发病严重。病菌生长最适温度 30 ~ 37℃，高温多湿、排水不良或旱湿交替有利于发病。播种过深、低温、高湿等不良气候条件延迟幼苗出土、苗弱，或其他病害发生，也能加重病害。多年连作、土壤带菌量大、有机质少、耕作粗放的地块发病重。花生品种间抗病性有差异，一般直生型品种较蔓生型品种抗病。

防治措施

1. 农业防治 选用抗（耐）病品种、无病种子，无病田留种，防止种子发霉，播种前晾晒，剥壳精选。提倡与玉米等非寄主植物实行 2 ~ 3 年轮作。适时播种，适当浅播，不宜过深。施用充分腐熟的有机肥，增施磷肥、钾肥，避免偏施氮肥。雨后及时排出田间积水，播种后遇雨后及时松土。清除病残体，深翻土壤。

2. 化学防治 播种前种子处理是防治花生冠腐病的有效措施，花生齐苗后至开花前是防治的关键时期，可兼治茎腐病、根腐病、白绢病、立枯病等。

（1）种子处理：播种前，按药种比，可选用25g/L咯菌腈悬浮种衣剂1:（125 ~ 167），或1.5%咪鲜胺悬浮种衣剂1:（100 ~ 120），或15%甲拌·多菌灵悬浮种衣剂1:（40 ~ 50），或41%唑醚·甲菌灵悬浮种衣剂1:（273 ~ 820）等包衣或拌种。或者按种子重量，可选用0.2% ~ 0.4%的3%苯醚甲环唑悬浮种衣剂，或0.5% ~ 1%的50%甲基硫菌灵可湿性粉剂，或0.2% ~ 0.4%的50%异菌脲可湿性粉剂，或0.5% ~ 0.6%的35%噻虫·福·萎锈悬浮种衣剂等包衣或拌种。

（2）药剂喷雾：花生齐苗后至开花前，或发病初期，当病穴（株）率达到5%时，应及时喷药防治。每亩可选用50%多菌灵可湿性粉剂100 ~ 120g，或75%百菌清可湿性粉剂100 ~ 120g，或50%氯溴异氰尿酸可溶粉剂40 ~ 80g，或30%醚菌酯悬浮剂50 ~ 70mL，或30%己唑醇悬浮剂20 ~ 30mL，或25%联苯三唑醇可湿性粉剂50 ~ 80g等，对水50 ~ 60kg，喷淋花生茎基部或灌根，使药液顺茎秆流到根部。也可选用50%福美双可湿性粉剂600 ~ 800倍液，或25%咪鲜胺乳油600 ~ 800倍液，或80%乙蒜素乳油800 ~ 1 000倍液，或24%腈苯唑悬浮剂1 000倍液，或25%戊唑醇水乳剂1 500 ~ 2 000倍液，或40%丙环唑乳油2 000 ~ 2 500倍液等，均匀喷淋花生茎基部，每亩喷药液50 ~ 60kg，或每穴浇灌药液0.2 ~ 0.3kg。发病严重时，间隔7 ~ 10d防治1次，连续防治2 ~ 3次，药剂交替施用，药液喷足淋透。

十、花生茎腐病

分布与为害

花生茎腐病又叫花生颈腐病，俗称烂脖子病、倒秧病等，是花生的毁灭性病害。世界各地均有分布，我国各花生产区发生较为普遍。花生苗期到成熟期均可发生，但有苗期和结果期两个发病盛期造成植株枯死，荚果不实或腐烂发芽。一般地块发病率 10% ~ 20%，严重的可达 60%~70%，减产可达 50% 以上，甚至颗粒无收，发病越早损失越大（图 1）。

图 1　花生茎腐病田间为害状

症状特征

花生茎腐病主要为害茎、根、子叶和荚果等，发病部位多在与表土层交界的根颈和茎基部。

苗期感病，通常子叶先受害，变黑褐色干腐状，后蔓延到茎基部及地下根颈部，产生黄褐色水渍状不规则形病斑（图 2），逐渐绕茎或根颈扩展变成黑褐色病斑（图 3）。病斑扩展环绕茎基时，维管束变黑褐色，病株萎蔫，幼苗发病 3 ~ 4d 后即变黄褐色枯死。成株期发病，先在主茎和侧枝的基部产生黄褐色水渍状略凹陷的病斑（图 4），后向上下扩展，茎基部变黑褐色（图 5），病部以上萎蔫枯死，地下

图 2　苗期茎腐病株

图 3　病斑绕茎基

图 4　侧枝基部病斑

图 5　茎基部变黑褐色

荚果腐烂（图 6）、脱落（图 7）。纵剖根颈部，髓部变褐色干腐中空（图 8）。花生生长中后期，有时仅主茎或侧枝中上部感病枯死，病部以下正常生长，后病部向下扩展导致全枝枯死（图 9）。潮湿条件下，病部变黑褐色，腐烂，表皮易剥落（图 10）；干燥时病部表皮呈琥珀色凹陷，紧贴茎上，揭开表皮，内

图 6　荚果腐烂

图 8　髓部变褐色干腐中空

图 7　荚果脱落

图 9　病株侧枝枯死

部呈纤维状（图 11）。病部密生黑色小粒点（图 12），即病菌的分生孢子器。拔起病株时易从茎基处折断（图 13）。

图 10　病部变黑褐色，腐烂，表皮脱落

图 11　干燥时病斑表皮内呈纤维状

图 12　干燥时病部密生黑色小粒点

图 13　拔起病株时易从茎基处折断

发生规律

病原菌为棉色二孢菌，属半知菌亚门真菌，球壳孢目，色二孢属。有性世代为柑橘孢壳菌，属子囊菌亚门，球壳目，囊孢壳属。以菌丝和分生孢子器在种子、土壤病残体、果壳上和粪肥中越冬，成为翌年初侵染源，病斑上产生的分生孢子进行再侵染。病菌是一种弱寄生菌，主要从伤口侵入，也可直接侵入。病菌在田间主要借风雨、流水和农事活动传播，种子调运可助其远距离传播。病株和果壳饲养牲畜的粪便及混有病残体未腐熟的农家肥，也是其传播蔓延的重要来源。病菌寄主除花生外，还有棉花、豆类、甘薯、柑橘及马齿苋等 20 多种作物和杂草。在北方春花生，一般于 5 月下旬至 6 月上旬开始发病，在 6 月中下旬和 8 月下旬出现两个发病高峰，前期发病较重，造成

图 14　团棵期病株急性枯死

图 15　结果期病株缓慢枯死

团棵期的花生单株状急性枯死（图 14），后期发病较轻，造成结果期的花生成片状缓慢枯死（图 15）。

种子质量对病害的发生影响很大，收获前后受水淹或遇阴雨，种荚发霉，种子带菌率高，翌年发病重且早。病菌喜中温中湿，生长最适温度为 23 ~ 25℃。当 5cm 土温 23 ~ 25℃、相对湿度 60% ~ 70%、旬降水量 10 ~ 40mm 时，有利于病害发生。苗期雨水多，土壤湿度大，大雨后骤晴，或气候干旱，土表温度高，植株易受灼伤，病害发生重；但雨水过多、低温情况下，不利于病害发生。低洼积水、沙性强、土壤贫瘠的地块发病重。花生连作、土壤耕翻浅、施用带菌未腐熟的有机肥、播种较早、出苗迟缓、管理粗放、地下害虫多的地块发病重。花生品种间抗病性有差异，一般晚熟大粒的直生型品种发病重，蔓生早熟小粒型品种发病轻。

防治措施

1. 农业防治　选用抗（耐）病品种、无病种子，无病田留种，适时收获，及时晒干，安全贮藏，播种前粒选、晒种。合理轮作，提倡与禾谷类等非寄主植物实行 2 ~ 3 年轮作，不与棉花、甘薯及豆类等寄主作物轮作。适时播种，播种不宜过深。配方施肥，施足基肥，追施草木灰，施用充分腐熟的有机肥。雨后及时排出积水，播种后遇雨应及时松土。清除病残体，深翻土壤，精细整地。

2. 化学防治 在保证种子质量的基础上，采取种子处理，在花生齐苗后至开花前和盛花下针期，当田间病株（穴）率达到 5% 以上时，进行药剂防治。

（1）种子处理：播种前，按药种比，可选用 25g/L 咯菌腈悬浮种衣剂 1:（125 ~ 167），或 50% 多菌灵可湿性粉剂 1:（100 ~ 200），或 15% 福 · 克悬浮种衣剂 1:（40 ~ 50），或 22% 苯醚 · 咯 · 噻虫悬浮种衣剂 1:（150 ~ 200）等包衣或拌种。或者按种子重量，可选用 0.2% ~ 0.4% 的 3% 苯醚甲环唑悬浮种衣剂，或 0.3% ~ 0.8% 的 50% 福美双可湿性粉剂，或 0.04% ~ 0.08% 的 350g/L 精甲霜灵种子处理乳剂，或 0.5% ~ 0.6% 的 35% 噻虫 · 福 · 萎锈悬浮种衣剂等包衣或拌种。

（2）药剂喷雾：发病初期，每亩可选用 80% 多菌灵可湿性粉剂 60 ~ 80g，或 50% 氯溴异氰尿酸可溶粉剂 40 ~ 80g，或 30% 醚菌酯悬浮剂 50 ~ 70mL，或 25% 联苯三唑醇可湿性粉剂 50 ~ 80g，或 12.5% 烯唑醇可湿性粉剂 30 ~ 40g，或 10% 苯醚甲环唑水分散粒剂 50 ~ 80g 等，对水 50 ~ 60kg，喷淋花生茎基部或灌根，使药液顺茎秆流到根部。也可选用 70% 甲基硫菌灵可湿性粉剂 600 ~ 800 倍液，或 50% 福美双可湿性粉剂 600 ~ 800 倍液，或 25% 咪鲜胺乳油 600 ~ 800 倍液，或 80% 乙蒜素乳油 800 ~ 1 000 倍液，或 10% 多抗霉素可湿性粉剂 1 000 ~ 1 500 倍液，20% 三唑酮乳油 1 500 ~ 2 000 倍液等，均匀喷淋花生茎基部，每亩喷药液 50 ~ 60kg，或每穴浇灌药液 0.2 ~ 0.3kg。发病严重时，间隔 7 ~ 10d 防治 1 次，连续防治 2 ~ 3 次，药剂交替施用，药液喷足淋透，兼治根腐病、冠腐病等病害。

十一、花生镰孢菌根腐病

分布与为害

花生镰孢菌根腐病俗称鼠尾、烂根病等。属于世界性花生病害，我国各地均有发生，以南方各花生产区发生较重。在花生整个生育期均可发病，引起植株生长不良（图 1），烂种、根腐、果腐，造成全株枯死，一般零星发生，病株率在 10% 以下，减产 5% ～ 8%，重者发病率 20% ～ 30%，减产 20% 以上。

图 1　花生镰孢菌根腐病病田

症状特征

花生镰孢菌根腐病主要为害植株根部，也可为害果柄与荚果。

花生播后出苗前受害，可造成烂种、烂芽。幼苗期受害，主根变褐色并腐烂（图 2），植株矮小（图 3），枯萎死亡（图 4）。成株期受害，通常表现慢性症状，开始表现暂时萎蔫，叶片失水褪绿、变黄，叶柄下垂（图 5）。根颈部出现稍凹陷的

图 2　主根变褐色并腐烂

图 3　病株矮小

图 4　病苗枯萎死亡

图 5　病株出现暂时性枯萎

长条形褐色病斑，根端呈湿腐状（图6），皮层变褐腐烂，易脱落（图7），主根粗短或细长，无侧根或极少，形似老鼠尾状（图8），维管束变褐（图9），植株逐渐枯死，严重时从表现症状到枯死仅

图6　根颈部病斑

图7　皮层变褐腐烂易脱落

图 8　主根老鼠尾状

图 9　维管束变褐

图 10　病株逐渐枯死

图 11　近地面根颈部可长出不定根

需 2 ~ 3d，一般 7 ~ 10d（图 10）。土壤湿度大时，近地面根颈部可长出不定根（图 11），病部表面或有黄白色、青灰色至淡红色霉层（图 12），即病菌的分生孢子梗及分生孢子。病株地上部表现矮小、叶片变黄（图 13），开花结果少，且多为秕果（图 14）。病菌为害进入土内的果柄和幼嫩荚果，果柄受害后荚果易脱落在土内。同其他病菌复合侵

图 12　病部的霉层

图 13　病株矮弱

图 14　病株结荚少
且多为秕果

图 15　荚果腐烂

染荚果，可致荚果腐烂（图 15）。在贮藏期间，病菌常腐蚀分解荚壳胶质层，只留下内部纤维组织，严重时荚壳变为紫红色，有时荚果外表完整，但其内表面和果仁表面有白色菌丝或淡红色霉层。

发生规律

病原菌为多种镰孢菌，主要有茄类镰孢菌、尖镰孢菌、粉红镰孢菌、三线镰孢菌和串珠镰孢菌等，属半知菌亚门真菌，瘤座菌目，镰孢菌属。以菌丝和分生孢子、厚垣孢子在土壤、病残体和种子表面越冬，成为翌年初侵染源。主要借助风雨和农事操作传播，从植株根部伤口或表皮直接侵入，病株上产生分生孢子进行再侵染。花生各生育期都可侵染发病，以开花结荚盛期发病严重。病菌寄主广泛，除花生外，还可为害棉花、香蕉、茄类、瓜类、豆类、花卉等 100 多种植物。

病菌腐生性强，厚垣孢子能在土壤中存活很长时间。种子带菌率高、有机肥带菌或未充分腐熟时发病重。花生连作、地势低洼、排水不良、土质黏重或土层浅薄的地块发病重。持续低温阴雨或大雨骤晴，田间湿度大，易发病。种植过密、施氮肥过多或杂草丛生，造成茎叶柔嫩脆弱、田间郁闭，通风透气性差，植株抗病力下降，易感病。土壤肥力不足、植株矮小、生长缓慢，可加重病情。

防治措施

1. 农业防治 选用抗（耐）病品种、无病种子，无病田留种，防止种子受潮发霉，播种前翻晒、精选种子，剔除变色、霉烂、瘦小种粒。实行水旱轮作，或与小麦、玉米等禾本科作物轮作，轻病田隔年轮作，重病田 3 ~ 5 年轮作。精细整地，高垄种植，足墒下种，提高播种质量。干旱时适当浇水，严禁在盛花期、雨前或久旱后猛灌水，大雨后及时清沟排渍降湿。配方施肥，施足底肥，增施磷肥、钾肥，施用充分腐熟的农家肥。清洁田园，拔除病株，清除病残体，集中处理。

2. 化学防治 在保证种子质量的基础上，采取种子处理，在发病初期，当田间病株（穴）率达到 5% 时，及时进行药剂防治。

（1）种子处理：播种前，按药种比，可选用3%苯醚甲环唑悬浮种衣剂1:（250～500），或400g/L氟硅唑乳油1:（125～167），或1.5%咪鲜胺悬浮种衣剂1:（100～120），30%萎锈·吡虫啉悬浮种衣剂1:（100～130）等包衣或拌种；或者按种子重量，可选用0.6%～0.8%的2.5%咯菌腈悬浮种衣剂，或0.04%～0.08%的35%精甲霜灵种子处理乳剂，0.1%～0.3%的12.5%烯唑醇可湿性粉剂，或0.5%～0.7%的22%苯醚·咯·噻虫悬浮种衣剂等包衣或拌种。

（2）药剂喷雾：发病初期，每亩可选用70%甲基硫菌灵可湿性粉剂70～90g，或70%敌磺钠可溶粉剂300～500g，或50%氯溴异氰尿酸可溶粉剂40～80g，或30%醚菌酯悬浮剂50～70mL，或25%戊唑醇可湿性粉剂25～35g，或10%苯醚甲环唑水分散粒剂50～80g等，对水50～60kg，喷淋花生茎基部或灌根，使药液顺茎秆流到根部。也可选用50%苯菌灵可湿性粉剂600～800倍液，或50%腐霉利可湿性粉剂600～800倍液，或25%咪鲜胺乳油600～800倍液，或80%乙蒜素乳油800～1 000倍液，或10%多抗霉素可湿性粉剂1 000～1 500倍液，或20%三唑酮乳油1 500～2 000倍液等，均匀喷淋花生茎基部，每亩喷药液50～60kg，或每穴浇灌药液0.2～0.3kg。发病严重时，间隔7～10d防治1次，连续防治2～3次，药剂交替施用，药液喷足淋透，兼治茎腐病、冠腐病等病害。

十二、花生青枯病

分布与为害

花生青枯病是一种典型的维管束病害，也是一种典型的土传病害。主要分布在印度尼西亚、越南、泰国等20多个国家，我国主要花生产区几乎均有分布，尤以长江流域以南发病严重。从苗期到收获期均可发生，病株常整株枯死，一般减产10% ~ 20%，重者达50%以上，甚至绝收。

症状特征

花生青枯病主要为害根部，特征性症状是植株急性凋萎和维管束变色。

病株地上部最初是主茎顶梢叶片中午失水萎蔫（图1），1 ~ 2d后，全株叶片自上而下急剧凋萎下垂（图2），整株青枯死亡（图3），叶片暗淡，仍呈青绿色（图4）。后期病株叶片变褐色枯焦（图5），病株易拔起，可见根部发黑、腐烂。从发病到枯死，快则2 ~ 3d，

图1　病株主茎顶梢萎蔫

图 2 整株急剧
凋萎下垂

图 3 整株青枯死亡

图 4 病株叶片
暗淡仍呈青绿色

图 5 后期叶片变褐色枯焦

慢则 21d 以上，一般 7 ~ 15d。病菌从主根尖端开始向上扩展，主根变褐色湿腐（图 6），根瘤墨绿色。纵切根茎部，可见维管束变为浅褐色至黑褐色；湿润时挤压切口处，可溢出混浊的白色细菌脓液，将根茎病段插入清水中，可见从切口涌出成烟雾状混浊液（图 7）。病株上的果柄、荚果呈黑褐色湿腐状。结果期发病的植株，症状不如前期明显。

图 6　病株主根变褐色湿腐

图 7　细菌菌脓液在水中从切口涌出状

发生规律

病原菌为青枯假单胞杆菌，假单胞杆菌属细菌，主要在土壤、病残体及未充分腐熟的堆肥中越冬，成为翌年主要初侵染源，以带菌杂草及病株作为饲料的牲畜粪便也是传染源。病菌从花生根部、茎基部的伤口或自然孔口侵入，在维管束内蔓延，堵塞导管，并分泌毒素，造成植株失水萎蔫，病根、病茎腐烂后，病菌散落土壤内，借助流水、人畜、农具、昆虫等传播，进行再侵染。病菌寄主范围很广，除花生外，还可为害番茄、辣椒、萝卜、菜豆、马铃薯、西瓜、芝麻、向日葵、香蕉、桑树、鬼针草等40科200多种植物。花生开花初期至结荚盛期发病最重，北方花生产区发病盛期在6月下旬至7月上旬，中部花生产区在6月，南方花生产区春花生在5 ~ 6月、秋花生在9 ~ 10月。

病原细菌喜温、怕阳光、不耐干燥，发育最适温度28 ~ 33℃，最适pH值6 ~ 8，在土壤中3 ~ 5年仍保持致病力。高温高湿有利于发病。时晴时雨、久旱骤雨或久雨骤晴利于病害流行。花生连作、施用带菌的土杂肥、杂草较多的地块发病重。地势低洼、排水不良、土层浅薄、土壤偏酸、有机质含量低、偏施过施氮肥、沙砾土壤和黄黏土壤地块发病重。土壤温湿度骤变或因地下害虫、线虫为害或中耕除草等造成根部伤口较多时加重病害发生。品种之间抗病性差异明显，一般丛生型品种较蔓生型品种发病重。

防治措施

1. 农业防治 选用抗（耐）病品种。实行水旱轮作，或与水稻、小麦、玉米、谷子、甘薯等作物轮作，避免与茄科、豆科、芝麻等作物连作，重病地轮作 5 ~ 6 年以上，轻病地轮作 1 ~ 2 年。深耕晒土。配方施肥，施足有机肥，增施磷肥、钾肥、钙肥、硼肥，禁用带病残体未腐熟的肥料。酸性土壤适当增施石灰，降低酸度。采用高畦地膜栽培，适期播种，合理密植，适时化学调控生长，防治地下害虫、线虫。避免大水漫灌，雨后排水降湿。及时清除早期零星病株，带出田外集中处理，病穴用石灰消毒，铲除田间及周围杂草。

2. 生物防治 每亩可选用 10 亿 CFU/g（CFU/g 为每克样品中细菌菌落总数）多黏类芽孢杆菌可湿性粉剂 450 ~ 700g，或 3 000 亿个 /g 荧光假单胞杆菌粉剂 450 ~ 700g，或 2% 春雷霉素水剂 150 ~ 175g，或 2% 氨基寡糖素水剂 200 ~ 250g 等，对水 50 ~ 60kg；也可用 3% 中生菌素可湿性粉剂 600 ~ 800 倍液，或 72% 农用硫酸链霉素可溶粉剂 1 000 ~ 2 000 倍液等 50 ~ 60kg。在花生始花期或发病初期，喷淋花生茎基部或灌根，每穴浇灌药液 0.2 ~ 0.3kg，7 ~ 10d 喷灌 1 次，连防 2 ~ 3 次。

3. 化学防治 播种前药剂拌种，可控制苗期发病。病害常发区和连作田，当病株率达到 1% 以上时，及时喷药防治。

（1）种子处理：花生播种前，按种子重量，可选用 0.4% 的 50% 琥胶肥酸铜可湿性粉剂，或 0.5% ~ 1% 的 20% 噻菌铜悬浮剂，或 0.2% ~ 0.3% 的 3% 中生菌素可湿性粉剂，或 0.3% ~ 0.5% 的 25% 络氨铜水剂，或 0.5% ~ 1% 的 75% 敌磺钠可溶粉剂等拌种。充分拌匀后即可播种，不要闷种，防止产生药害。

（2）药剂灌根：在花生始花期或发病初期，每亩可选用 20% 叶枯唑可湿性粉剂 100 ~ 200g，或 20% 噻森铜悬浮剂 150 ~ 200mL，或 50% 氯溴异氰尿酸可溶粉剂 40 ~ 80g，或 41% 乙蒜素乳油 60 ~ 75mL，或 30% 琥胶肥酸铜可湿性粉剂 200 ~ 250g，或 77% 氢氧化铜可湿性粉剂 100 ~ 180g 等，对水 50 ~ 60kg；也可选用 20%

噻菌铜悬浮剂300 ~ 500倍液，或25%络氨铜水剂300 ~ 500倍液，或47%王铜可湿性粉剂300 ~ 600倍液，或42%三氯异氰尿酸可湿性粉剂300 ~ 500倍液，或12.5%松脂酸铜乳油500 ~ 600倍液，或77%硫酸铜钙可湿性粉剂400 ~ 600倍液等，均匀喷雾，亩喷药液50 ~ 60kg。喷淋花生茎基部，或浇灌花生根部，每穴浇灌药液0.2 ~ 0.3kg，7 ~ 10d喷灌1次，连防2 ~ 3次。

十三、花生白绢病

分布与为害

花生白绢病又叫花生白脚病、菌核性基腐病、菌核枯萎病、菌核根腐病，是一种世界性花生病害。我国各花生产区均有发生，南方花生产区发生较重。多发生在花生下针至荚果形成期，造成叶片脱落、植株枯萎死亡（图1）。一般田块病株率在5%以下，严重地块达30%以上，病株一般减产30%，重者减产70%以上，甚至绝收。

图1　花生白绢病田间症状

症状特征

花生白绢病主要为害茎基部，也为害果柄、荚果和根部。

病部初期变褐软腐，其上出现波纹状病斑（图 2）。病斑表面长出一层白色绢状菌丝体（图 3），并在植株中下部茎秆的分枝间、植株间蔓延（图 4），土壤潮湿、植株郁闭时，病株的中下部茎秆及周围土表的植物残体和有机质、杂草上，也可布满白色菌丝体（图 5）。菌丝遇

图 2　茎上的波纹状病斑

图 3　病斑表面的白色绢状菌丝体

图 4　菌丝体蔓延

图 5　病株中下部周围布满白色菌丝体

强阳光常消失（图6），天气干旱时，仅为害花生地下部分，菌丝层不明显（图7）。发病后期，菌丝体中形成很多油菜籽状菌核，初为乳白色至乳黄色，后变深褐色，表面光滑、坚硬（图8）。受害茎基部组织腐烂，皮层脱落，剩下纤维状组织（图9）。病株逐渐枯萎，

图6　菌丝遇强阳光消失

图7　干旱时仅为害地下部的菌丝层不明显

图 8　菌丝体中油菜籽状菌核

图 9　茎基部腐烂皮层脱落剩下的纤维状组织

图 10　病株黄叶焦枯

图 11　拔起病株易落果

叶片变黄，边缘焦枯（图 10），拔起易落果（图 11）、断头（图 12）。受害果柄和荚果长出很多白色菌丝，呈湿腐状腐烂，病部浅褐色至暗褐色（图 13）。果仁感病后皱缩、腐烂，病部覆盖灰褐色菌丝，后期形成菌核，有时在种皮上形成条纹、片状或圆形的蓝黑色彩纹。

图 12　病株拔起易断头

图 13　受害果柄和荚果

发生规律

病原菌为齐整小核菌，属半知菌亚门真菌，无孢菌目，齐整小核菌属，有性世代为罗尔阿太菌，属担子菌亚门，非褶菌目，不常见。主要以菌核或菌丝体在土壤及病株残体上越冬，种子和种壳也可带菌传病。菌核在干燥土壤内或病株上可存活 5 ~ 6 年。翌年菌丝生长或菌核萌发长出菌丝，利用地表和浅表的植物残株和有机物质作为营养及传播桥梁，从植株茎基部的表皮直接侵入或伤口侵入，也可侵入果柄或荚果。主要借流水、土壤、昆虫、种子等传播。病菌寄主广泛，除花生外，还有蔬菜、瓜类、豆类、薯类、烟草、棉麻、稻麦、玉米、果树等近 100 科的数百种植物。河南、山东等花生产区，田间一般于 6 月下旬开始发病，7 ~ 8 月为发病盛期。

白绢病的发生与温湿条件关系密切，年度间发生差异显著。病菌喜高温高湿，菌核萌发、菌丝生长最适温度为 25 ~ 35℃、空气湿度在 90% 以上、土壤含水量 40% ~ 50%、pH 值 5 ~ 6。花生生长的中后期，遇高温、多雨的天气，特别是雨后骤晴或久旱后骤雨，发病严重。种子带菌率高，花生重茬、施用未腐熟土杂肥、播种早、覆盖地膜的地块，发病早且重，土壤贫瘠、排水不良、田间湿度大、偏酸性的沙质土壤易发病。管理粗放、偏施氮肥、群体过大、杂草丛生、田间郁闭的地块发病重。品种间抗性差异明显，植株直生型、种壳薄、珍珠豆型小花生品种一般比蔓生型、种壳厚、大粒型花生发病重。

防治措施

1. 农业防治 选用抗（耐）病品种或无病种子。重病田实行水旱轮作，或与小麦、玉米等较抗病的禾本科作物实行3年以上轮作。选择地势平坦、土层深厚、土质肥沃、排灌方便的地块种花生。深翻改土，偏酸性土壤，每亩施石灰或石灰氮30～50kg。配方施肥，增施锌肥、钙肥、硼肥，施用充分腐熟有机肥。春花生适当晚播，合理密植，化学除草，适时化控，防止徒长。大雨后及时排渍，降低湿度。清除病株残体，集中烧毁或掩埋。

2. 化学防治 播种前，种子包衣或拌种进行处理；耕翻土地时，土壤处理消毒；发病初期，及早喷药预防控制。

（1）种子处理：播种前，按药种比，可选用25g/L咯菌腈悬浮种衣剂1:（125～167），或50%多菌灵可湿性粉剂1:（100～200），或400g/L萎锈·福美双悬浮种衣剂1:（160～200），或41%唑醚·甲菌灵悬浮种衣剂1:(273～820）等包衣或拌种。或者按种子重量，可选用0.04%～0.08%的35%精甲霜灵种子处理乳剂，或0.2%～0.4%的50%异菌脲可湿性粉剂，或0.2%～0.4%的3%苯醚甲环唑悬浮种衣剂，或2%～4%的15%五氯硝基苯悬浮种衣剂等拌种或包衣。

（2）土壤处理：结合春季耕翻整地，每亩可选用70%甲基硫菌灵可湿性粉剂2～3kg，或80%多菌灵可湿性粉剂2～3kg，或50%福美双可湿性粉剂2～3kg，或70%敌磺钠可溶粉剂3～5kg，或40%五氯硝基苯粉剂5～7kg等，加细土或水均匀混施于土壤中。

（3）药剂喷淋：发病初期，每亩可选用20%氟酰胺可湿性粉剂75～125g，或25%丙环唑乳油30～50mL，或50%氯溴异氰尿酸可溶粉剂40～80g，或45%咪鲜胺水乳剂30～50mL，或30%醚菌酯悬浮剂50～70g，或6%井冈·嘧苷素水剂400～500mL等，对水 40 ~ 60kg，喷施。也可选用 2% 春雷霉素可湿性粉剂 200 ~ 300 倍液，或 20% 甲基立枯磷乳油 600 ~ 800 倍液，或 40% 菌核净可湿性粉剂 600 ~ 800 倍液，或 50% 腐霉利可湿性粉剂 1 000 ~ 1 500 倍液，或 80% 乙蒜素乳油 800 ~ 1 000 倍液，或 25% 吡唑醚菌酯乳油 4 000 ~ 6 000 倍液等，均匀喷施，亩喷药液 40 ~ 60kg。喷淋花生茎基部、地表或灌根，或每穴喷淋浇灌药液 0.2 ~ 0.3kg。发病严重时，间隔 7 ~ 10d 防治 1 次，连续防治 2 ~ 3 次，药剂交替施用，药液喷足淋透，可兼治菌核病、根腐病等病害。

十四、花生菌核病

分布与为害

花生菌核病是花生小菌核病和花生大菌核病的总称，花生大菌核病又称花生菌核茎腐病。在我国南北花生产区均有发生，以小菌核病为主。常发生在花生生长后期，造成植株枯萎死亡。多零星发生，为害不大，个别年份或局部地块为害较重，一般减产 10% ~ 20%，重者减产 30% 以上。

症状特征

1. 花生小菌核病 主要为害根部及根颈部，也能为害茎、叶、果柄及果实。叶片上病斑暗褐色，近圆形，直径 3 ~ 8mm，有不明显轮纹，潮湿时病斑扩大为不规则形，呈水渍状软腐。茎部病斑初为褐色，后渐扩大，变为深褐色，最后呈黑褐色，受害部位软化腐烂，病部以上茎叶萎蔫枯死。在潮湿条件下，病部表面初生灰褐色绒毛状霉状物，后变为灰白色粉状物，即病菌的菌丝和分生孢子梗、分生孢子。至临近收获时，在茎的皮层及木质部之间产生大量不规则形的小菌核，有时菌核突破表皮外露。菌核外层黑色，内部白色，大小 1 ~ 2mm。受害果柄腐烂易断裂。受害荚果变褐色，在表面或荚果里生白色菌丝体及黑色菌核（图 1），引起籽粒腐败或干缩。

2. 花生大菌核病 引起症状和小菌核病相似，主要为害茎秆，也可为害根、荚果、叶片和花。茎部病斑形状不规则，初呈暗褐色、水渍状，后褪为灰白色，扩大后绕茎，引起茎蔓表皮腐烂剥落、撕裂呈纤维状，

图 1　花生菌核病为害荚果

露出白色木质部，病部表面长满棉絮状的菌丝层，病部以上茎叶陆续凋萎死亡。后期在病部表面及髓腔中产生鼠粪状菌核，初为白色，后变黑色且坚硬，大小 3 ~ 12mm 不等。荚果受害后腐烂，长出棉絮状菌丝，内部也能产生菌核。

发生规律

病原菌为小菌核为落花生核盘菌，大菌核为宫部核盘菌，均属子囊菌亚门真菌，柔膜菌目，核盘菌属；无性世代属半知菌亚门，丛梗孢目，葡萄孢属。主要以菌核或菌丝体在病残株、荚果和土壤中越冬。翌年小菌核萌发产生菌丝和分生孢子，有时产生子囊盘释放子囊孢子，孢子借风雨传播，多从伤口侵入，菌丝也能直接侵入寄主，病部气生菌丝和产生的分生孢子进行多次再侵染。大菌核萌发产生子囊盘释放子囊孢子进行侵染。北方花生产区，一般于 7 月上旬开始发病，7 月下旬至 8 月中旬为发生盛期，南方花生产区始发期和盛发期相应提早约 15d。

病菌对温度、pH 值的适应范围幅度较大，对光照不敏感，耐旱性和耐水性较强，发病后蔓延较快。高温高湿对其扩展蔓延有利，连续阴雨，温度又较高或是田间小气候郁闭，易引起流行。种子带菌率高，花生重茬连作、土壤菌源多，土壤黏重、板结，地势低洼、排水不良、田间湿度大的地块发病重。杂草丛生、群体过大、通风透光差、施用未腐熟土杂肥、氮肥施用过多、植株柔嫩多汁、虫害较多时易发病。

防治措施

1. 农业防治 合理轮作，重病田，实施水旱轮作或与小麦、玉米、谷子、甘薯等进行 3 年以上轮作；合理密植，高畦栽培，使用有机肥要充分腐熟；及时拔除田间病株，集中烧毁，花生收获后清除病残体，深翻灭茬。

2. 化学防治 播种前，种子处理进行包衣或拌种；耕翻土地时，土壤处理消毒；发病初期，及早地面喷药封锁初侵染源和叶面喷药预防控制。

（1）种子处理：播种前，按药种比，可选用 25g/L 咯菌腈悬浮种衣剂 1:（125 ～ 167），或 1.5% 咪鲜胺悬浮种衣剂 1:（100 ～ 120），或 400g/L 萎锈·福美双悬浮种衣剂 1:（160 ～ 200），或 41% 唑醚·甲菌灵悬浮种衣剂 1:（273 ～ 820）等包衣或拌种，或者按种子重量，可选用 0.2% ～ 0.4% 的 3% 苯醚甲环唑悬浮种衣剂，或 0.04% ～ 0.08% 的 35% 精甲霜灵种子处理乳剂，或 2% ～ 4% 的 15% 五氯硝基苯悬浮种衣剂，或 0.1% ～ 0.3% 的 12.5% 烯唑醇可湿性粉剂等拌种或包衣。

（2）土壤处理：结合春季耕翻整地，每亩可选用 50% 福美双可湿性粉剂 2 ～ 3kg，或 80% 多菌灵可湿性粉剂 2 ～ 3kg，或 70% 敌磺钠可溶粉剂 3 ～ 5kg，或 40% 五氯硝基苯粉剂 5 ～ 7kg，或 70% 甲基硫菌灵可湿性粉剂 2 ～ 3kg 等，加细土或水均匀混施于土壤中。

（3）药剂喷淋：花生花针期或发病初期，每亩可选用 50% 异菌脲可湿性粉剂 80 ～ 100g，或 40% 菌核净可湿性粉剂 100 ～ 150g，或 25% 丙环唑乳油 30 ～ 50mL，或 50% 咪鲜胺锰盐可湿性粉剂

40 ~ 60g，或 30% 醚菌酯悬浮剂 50 ~ 70mL，或 40% 多菌灵悬浮剂 175 ~ 250mL 等，对水 40 ~ 60kg，均匀喷施。也可选用 50% 福美双可湿性粉剂 600 ~ 800 倍液，或 36% 甲基硫菌灵悬浮剂 1 000 ~ 1 500 倍液，或 50% 腐霉利可湿性粉剂 1 000 ~ 1 500 倍液，或 80% 乙蒜素乳油 800 ~ 1 000 倍液，或 10% 苯醚甲环唑水分散粒剂 1 000 ~ 1 500 倍液，或 50% 啶酰菌胺水分散粒剂 1 000 ~ 1 500 倍液等，均匀喷施，每亩喷药液量 40 ~ 60kg。喷淋花生茎基部及地表，或灌根，每穴浇灌，每亩喷洒药液，或每穴喷淋浇灌药液 0.2 ~ 0.3kg。发病严重时，间隔 7 ~ 10d 防治 1 次，连续防治 2 ~ 3 次，药剂交替施用，药液喷足淋透，可兼治白绢病、茎腐病等病害。

十五、花生根结线虫病

分布与为害

花生根结线虫病又叫花生根瘤线虫病、花生线虫病，俗称地黄病、地落病、黄秧病等，是花生生产中一种毁灭性的世界性病害，几乎遍布所有种植花生的国家和地区，在我国各花生产区均有发生。花生整个生长期均可发生，病株根系吸收功能被破坏，地上部生长发育不良，缺肥缺水状，结果少或不结果，还易引发根腐病、果腐病等。一般减产 20% ~ 30%，重者减产 70% 以上，甚至绝收。

症状特征

花生根结线虫病为害植株地下部，从而引起地上部生长发育不良。主要为害根系，也可为害果壳、果柄和根颈等。

种子发芽后即可被侵染，在出苗约 15d，地上部即可表现症状，播种后约 40d，花生团棵期症状最明显。病株生长缓慢或萎黄不长，株矮叶黄瘦小，叶缘焦灼，提早脱落，开花迟且花小，正常的根瘤少，结果少甚至不结果（图 1）。病株在田间常成片分布，出现高低不齐的病窝。

图 1　病株与健株比较

根部受害部位膨大，形成纺锤形或不规则形表面粗糙的瘤状根结（图 2），一般直径 2 ～ 4mm，初呈乳白色，后变淡黄色至深褐色（图 3）。根结上长出细小须根，须根再受害形成次生根结（图 4），经过多次重复侵害，至盛花期全株根系形成乱发状的须根团（图 5），根系粘满土

图 2　纺锤形或不规则形表面粗糙的瘤状根结

图 3　乳白色至淡黄色的瘤状根结

图 4　次生根结

图 5　根系成乱发状的根须团

图 6　被害主根畸形歪曲

图 7　根部皮层变褐色腐烂

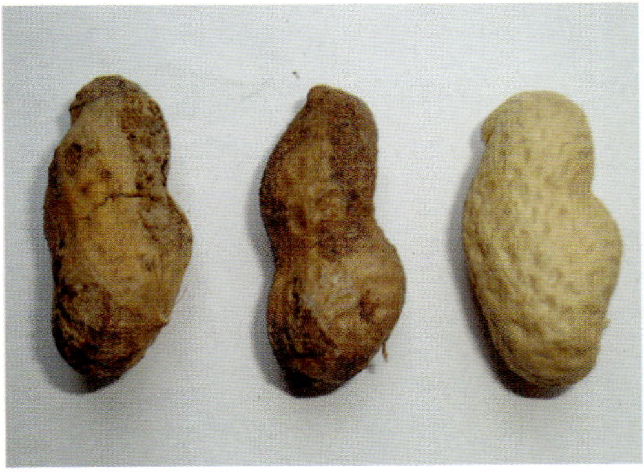

图 8　病果壳呈褐色疮痂状与正常果壳比较

图 9　固氮菌根瘤与线虫根结比较

粒和沙粒。被害主根畸形歪曲（图 6），停止生长，根部皮层变褐腐烂（图 7）。果壳、果柄和根颈受害，有时也能形成根结，幼果壳上呈乳白色略带透明状，成熟果壳上呈褐色疮痂状（图 8），果柄和根颈上呈葡萄穗状。

识别根结线虫病，要注意线虫根结与固氮菌根瘤的区别（图 9），根结多长在根端，呈不规则状，表面粗糙，长有毛根，剖开可见乳白色针头大小的粒状或梨状线虫；根瘤长在根的一侧，呈圆形或椭圆形，表面光滑，无毛根，剖开或压碎后流出红色、褐色或绿色汁液。

发生规律

病原为北方根结线虫、爪哇根结线虫和花生根结线虫，以北方根结线虫为主，均属侧尾腺口纲，垫刃目，根结线虫属。以卵在卵囊内或幼虫在根结内随着病根、病果壳在土壤或粪肥中越冬，主要靠土壤传播，也可借流水、风雨、粪肥、农事操作等传播，调运带病荚果可远距离传播。寄主广泛，包括多种作物、园林植物及杂草，北方根结线虫的寄主有蔬菜、豆类、瓜类、油料作物、果类、甜菜、马铃薯等550余种，花生根结线虫的寄主有蔬菜、禾谷类、果类、甜菜、马铃薯、烟草、棉花等330余种。北方根结线虫根结如小米粒大小，根结上生有大量细根，严重时细根密集成簇；花生根结线虫根结稍大，根结与寄生根结合，并包括寄生根。

根结线虫在黄淮地区1年发生3代，以第1代为害较重，侵染盛期为5月中旬至6月下旬。翌年气温回升，卵孵化成1龄幼虫，1龄幼虫蜕皮成2龄幼虫后出壳，从花生根尖处侵入，在刺激寄主细胞形

图10 根结线虫引起的果腐病

成根结的同时，造成伤口、损耗养分，易引起次生病害，如果腐病等（图10）。幼虫共需蜕4次皮，才能变为成虫。在幼虫侵入根20～30d后开始产卵，单雌平均产卵约260粒，卵产于卵囊中，卵囊一般露出根结外，卵在土壤中分批孵化进行再侵染。线虫主要分布在40cm土层内，在土壤中可随水分上下移动，但整个生长季节一般只有20～30cm。不耐干燥，耐水淹和低温。土壤温度20～26℃、含水量70%左右，最适于侵入。

雨水少、灌溉不及时的干旱年份发病重，雨季早、雨水多或灌溉及时、花生长势快的年份发病轻。在土质疏松、保水力弱、通气良好的沙壤土、沙土或贫瘠的土壤中发病重，在透气性差的黏性强、低洼碱性土壤发病轻。连作田、管理粗放、病残体及杂草多的花生田易发病。春花生比夏花生发病重、早播比晚播发病重。

防治措施

1. 加强检疫 保护无病区，不从病区调运花生种子；如确需调种时，应在当地剥壳只调运果仁，并在调种前将其干燥到含水量10%以下，调运其他寄主植物也实施检疫。

2. 农业防治 选育和利用抗病品种、无病种子，贮藏、播种前充分晾晒。实行水旱轮作，或与玉米、谷子、小麦、甘薯等作物实行2～4年轮作，轮作年限越长，防治效果越好。增施腐熟有机肥，减少化肥用量，提高抗病力。改善灌溉条件，忌串灌，防止浇水传播。及时清除田内外杂草，病田就地收刨、单收单打，深刨病根，集中烧毁病残体，减少扩散传播。

3. 生物防治 播种期，每亩可选用5亿活孢子/g淡紫拟青霉颗粒剂3～5kg，或2.5亿个孢子/g厚孢轮枝菌微粒剂3～6kg，或1.5%阿维菌素颗粒剂2～3kg等，拌细土20～25kg，撒施于播种沟或穴内。花生团棵期，每亩可选用10亿CFU蜡质芽孢杆菌/mL悬浮剂5～8L，或0.5%氨基寡糖素水剂1.5～2.5L，或3%阿维菌素微囊悬浮剂1～2L等，对水200～400kg灌根，灌根后浇水效果更佳。

4. 化学防治 抓住播种时药剂沟施或穴施、春花生出苗后 1 个月时（侵染盛期）药剂灌根两个关键措施。播种前 20cm 深土层内线虫密度达到幼虫（卵）30 条（粒）/kg 土壤时，要及时进行药剂防治。

（1）土壤处理：播种时，每亩可选用 3% 克百威颗粒剂 4 ~ 6kg，或 10% 灭线磷颗粒剂 3 ~ 5kg，或 5% 噻唑膦颗粒剂 4 ~ 6kg，或 5% 涕灭威颗粒剂 3 ~ 5kg，或 5% 丁硫 · 毒死蜱颗粒剂 4 ~ 6kg，或 3% 阿维 · 吡虫啉颗粒剂 1.5 ~ 3kg 等，加细土 20 ~ 25kg 拌匀制成毒土，撒施于播种沟或穴内，覆土后播种，或进行 15 ~ 25cm 宽的混土带施药。

（2）药剂灌根：花生出苗后 1 个月时，每亩可选用 20% 噻唑膦水乳剂 1 ~ 2L，或 20% 丁硫克百威乳油 1.5 ~ 2L，或 40% 三唑磷乳油 1 ~ 2L，或 40% 甲基异柳磷乳油 1 ~ 1.5L 等，对水 200 ~ 400kg 灌根；也可选用 25% 阿维 · 丁硫水乳剂 1 000 ~ 2 000 倍液，或 25% 丁硫 · 甲维盐水乳剂 1 000 ~ 2 000 倍液等灌根，每穴浇灌药液 0.2 ~ 0.3kg。灌根后需浇水或抢在雨前喷淋茎基部，可兼治蛴螬、金针虫等地下害虫。

十六、花生果腐病

分布与为害

花生果腐病又称花生烂果病，是世界性的花生土传病害。美国、以色列、印度、利比亚、南非等国家发生严重，国内以河南、河北、山东、辽宁、吉林等北方花生产区为害较重，在国内外呈扩大蔓延趋势。花生结荚到收获期均可发病，田间多呈整株或点片发生，造成荚果腐烂（图 1），一般减产 15% ～ 20%，重者减产 50% 以上，甚至绝收。

图 1　腐烂荚果干燥后症状

症状特征

花生果腐病主要为害花生荚果，也可为害果柄。花生不同发育阶段的荚果均可受害。多数荚果在果嘴端先受害（图 2），果壳表层先出现黄褐色至棕褐色的不规则形病斑（图 3），后向深层和四周扩展（图 4），可环绕荚果一周，造成整个或半个荚果变褐色或黑色腐烂（图 5）。果仁与果壳分离，变褐色至黑色腐烂（图 6），

图 2　果嘴端先受害

图 3　果壳表层出现黄褐色至棕褐色病斑

图 4　病斑向深层和四周扩展

图 5　荚果变褐色或黑色腐烂

干燥后呈黑粉状，或籽粒干瘪色泽发暗或发芽（图 7）。受害果柄土中部分变褐色腐烂（图 8），造成荚果脱落或发芽。湿度大时，部分果壳内外或果仁表面出现灰白色、浅绿色、褐色或黑色等菌丝体或霉状物（图 9）。病株地上部分与正常植株相比没有明显异常（图 10）。

图 6　果仁与果壳分离，变褐色至黑色腐烂

图 7　病果剖开症状

图 8　受害果柄变褐色腐烂

图 10　病株地上部分没有明显异常

图 9　干燥病果壳内外的菌丝体及霉状物

发生规律

病原为复合病原，包括多种病原真菌（镰孢菌属、丝核菌属、腐霉菌属等真菌）、植物寄生线虫和土壤中的螨类，称之为“花生果腐病复合体”。借助土壤与种子传播。发病盛期在7月下旬至9月中旬的结荚盛期，常和其他病虫害混合发生。

花生连作、种子带菌率高、地下害虫、寄生线虫或根腐病等较多的地块发病重。沙质土壤、氮肥施用过多、土壤湿度大的地块发病重。多年重茬种植花生的地块，在荚果期遇雨水较多，或严重干旱后遇到较大降水或灌水，病情就会加重。花生品种间抗性有差异。

防治措施

控制花生果腐病应采取以农业防治为基础，多种方式相结合的综合防治措施。

1. 农业防治 选用抗（耐）病品种或无病种子，病田荚果不留种，播种前精选种子。合理轮作，可与小麦、玉米、谷子、甘薯、蔬菜等作物轮作，重病田实行3～5年轮作。配方施肥，施用充分腐熟有机肥，减少氮肥，增施钙、锌、硼、硫、锰、钼等中微量元素肥，增施生物菌肥，增加土壤有益菌的含量。选择地势高、土壤疏松、排水良好的地块起垄种植花生，忌大水漫灌、串灌，雨后及时清沟排渍。及时清除果壳等病残体，集中烧毁。

2. 化学防治 播种前杀虫剂和杀菌剂混合包衣或拌种，整地时药剂土壤处理，发病初期药液喷洒或灌根，及时防治地下害虫、线虫、根腐病等病虫害。

（1）种子处理：播种前，按药种比，可选用25%噻虫·咯·霜灵悬浮种衣剂1:（125～250），或15%福·克悬浮种衣剂1:（40～50），或3.5%甲柳·三唑酮种衣剂1:（30～40）等包衣或拌种；或者按种子重量，可选用0.5%～0.6%的35%噻虫·福·萎锈悬浮种衣剂，或0.5%～0.7%的22%苯醚·咯·噻虫悬浮种衣剂，或1.7%～2%

的25%多·福·毒死蜱悬浮种衣剂等包衣或拌种。也可选用30%噻虫嗪种子处理悬浮剂2.5～5mL，或600g/L吡虫啉微囊悬浮种衣剂2.5～4mL，或30%毒·辛微囊悬浮剂15～25mL等，加25g/L咯菌腈悬浮种衣剂6～8mL，或1.5%咪鲜胺悬浮种衣剂8～10mL，或12.5%烯唑醇可湿性粉剂1～3g等，杀虫剂加杀菌剂混合拌花生种子1kg。拌种时加入含有解淀粉芽孢杆菌等的菌肥，防治效果更佳。

（2）土壤处理：春季结合耕翻整地，每亩可选用50%福美双可湿性粉剂2～3kg，或70%甲基硫菌灵可湿性粉剂2～3 kg，或80%多菌灵可湿性粉剂2～3kg，或70%敌磺钠可溶粉剂3～5 kg，或40%五氯硝基苯粉剂5～7kg等，加适量细土或水，均匀撒施或喷雾于土壤中。

（3）药剂灌根：在花生结荚初期或发病初期，每亩可选用50%氯溴异氰尿酸可溶粉剂40～80g，或30%醚菌酯悬浮剂50～70mL，或50%咪鲜胺锰盐可湿性粉剂40～60g，或20%氟酰胺可湿性粉剂75～125g，或25%丙环唑乳油30～50mL，或10%苯醚甲环唑水分散粒剂50～80g等，对水50～60kg喷施，重点喷淋花生茎基部，使药液顺茎秆流到根部。也可选用25%络氨铜水剂300～500倍液，或50%腐霉利可湿性粉剂1 000～1 500倍液，或50%苯菌灵可湿性粉剂800～1 000倍液，或80%乙蒜素乳油800～1 000倍液，或70%噁霉灵可溶粉剂1 000～1 500倍液，或43%戊唑醇悬浮剂5 000～7 000倍液等，灌根或喷淋花生茎基部，每穴浇灌喷淋药液0.2～0.3kg。间隔7～10d防治1次，连续防治2～3次，药剂交替施用，药液喷足淋透，可兼治根茎部病害。药液中添加杀虫剂，同时防治地下害虫，效果更好。

十七、花生缺铁性黄化病

分布与为害

花生缺铁性黄化病，俗称花生黄叶病，是花生种植中最常见的一种世界性生理性缺素症，在我国各花生产区普遍发生（图1）。花生自苗期至成熟期均可发生，以开花下针至荚果膨大期发生严重（图2）。病株叶片光合作用降低，生长受到抑制，抗逆性下降，易引发其他病害。一般发生田块减产10%～20%，重者减产30%以上。

图1　花生缺铁性黄化病田块

图2　田间病株

症状特征

花生缺铁时，顶部叶片开始出现症状。轻度发生时，上部嫩叶叶肉失绿（图 3），呈蛋黄色边缘清晰的羽纹状（图 4），而叶脉及中下部叶片仍保持绿色（图 5）；中度发生时，叶脉也失绿黄化（图 6）、全叶发白（图 7），上部新叶全叶变黄白色（图 8）；严重发生时，

图 3　上部嫩叶叶肉失绿

图 4　呈蛋黄色边缘清晰的羽纹状

图 5　叶脉及中下部叶片仍保持绿色

图 6　叶脉失绿黄化

图 7　全叶发白

图 8　上部新叶全叶变黄白色

叶片上出现褐色坏死斑（图 9），叶缘呈褐色，焦边，干枯脱落（图 10）。病株长势衰弱（图 11），开花减少，荚果秕小，品质下降。

图 9　出现褐色坏死斑

图 10 叶片干枯脱落

图 11 病株长势衰弱

与缺氮、缺锌引起的花生叶片黄化相比，缺铁性黄化叶片大小无明显改变，失绿黄化明显；缺氮性黄化首先是下部老叶褪绿，一般同时还表现叶片变薄变小，植株矮小；缺锌性黄化表现为叶片簇生，出现黄白小叶症。鉴定是否为缺铁性黄化症，可用 0.1% 的硫酸亚铁溶液涂于叶片背面失绿处，若 1 周后转绿，可确认为缺铁性黄化病。

发生规律

铁元素在促进叶绿素形成、参与蛋白质合成、提高抗病性等方面起重要作用，在植株体内含量少、活性小、移动性差，老叶中的铁元素不能被转移重复利用。植株缺铁引起叶绿素不能合成，首先在新梢幼嫩部分表现出黄化症。在我国北方花生产区，一般发生在 6 ~ 8 月，高峰期多在 7 月下旬至 8 月上旬的雨季。

土壤中铁元素的含量比较丰富，但多以氧化铁、硫化铁、磷酸铁的形态存在，对植物有效的可溶性铁元素含量却很少。大多数花生产区土壤中石灰质较多，呈弱碱性，大量铁元素形成沉淀被固定，不能被根系吸收利用。浇水或大雨后，未被固定的可溶性有效铁，也会随雨水径流和下渗流失，使其浓度降低。花生生长盛期对铁需求量大，因有效铁供应不足而出现黄化。到雨季后期，土壤中盐分下降，有效铁相对增多，黄化症状明显减轻，甚至消失。

花生对铁元素比较敏感，田间很容易发生缺铁性黄化病，品种间抗病性有明显差异（图 12）。春季干旱、7 ~ 8 月降水多的年份发生重，大水漫灌、地下水位高、排水不良、地势低洼、磷肥施用过多的地块发生重，土壤黏重、保水保肥性差、盐碱性重的地块发生重。

图 12　品种间抗病性有明显差异

防治措施

1. 管好肥水　深耕土壤，改土治碱，配方施肥，辅施微肥，增施有机肥，增加土壤有机质含量。科学灌水，干旱无雨时，应酌情浇小水，切忌大水漫灌；大雨过后，及时排渍，中耕放墒。

2. 增施铁肥　主要施用硫酸亚铁、硫酸亚铁铵、有机络合态铁等铁肥，可用作基肥、种肥、追肥，以叶面喷施效果最好。

（1）基肥：播种时，每亩集中条施或穴施硫酸亚铁 2.5 ~ 3kg。硫酸亚铁直接施入土壤，容易变成沉淀而失效，最好与有机肥、腐殖酸混合施用，可避免失效，能显著提高效果。

（2）种肥：可用 0.1% 硫酸亚铁水溶液浸种 12h 后播种，或用种子量 0.1% 的稀土微肥拌种。

（3）追肥：可在雨季到来或灌溉前、发病初期叶面喷施。每亩可用 0.3% ～ 0.5% 的硫酸亚铁水溶液 30 ～ 50kg，均匀喷洒叶面，间隔 5 ～ 7d 喷 1 次，连喷 2 ～ 3 次。肥液要现配现用，可加入 0.1% 的中性洗衣粉与 1% 的尿素，也可加入硼、锌微量元素肥料，增加叶面的黏附性，促进对铁的吸收，提高利用率。

磷、钙、镁、锰、铜等元素对铁有拮抗作用，能降低铁的有效性，在施用硫酸亚铁时，应合理限制这些元素的用量，最好不同时施用含这些元素的肥料。

十八、花生灰斑病

分布与为害

花生灰斑病是常见的叶部次要病害之一，在我国各花生种植区均有发生，在印度、泰国、尼泊尔、尼日利亚、津巴布韦等国家也有分布。一般零星发生，为害不重，严重时造成落叶，使花生长势衰弱（图 1）。

图 1　花生灰斑病田间为害状

症状特征

花生灰斑病主要为害叶片。受害叶片产生近圆形或不规则形病斑，初为黄褐色（图 2），继而变为紫红褐色（图 3），以后病斑中央渐变成浅红褐色（图 4）、灰白色至枯白色（图 5），上面散生许多小黑点，即病菌的分生孢子器（图 6）。病斑边缘有一红棕色的环圈（图 7），后期病斑易破裂或穿孔（图 8）。常多个病斑连接成片，形成更大坏死斑（图 9）。

图 2　病斑初为黄褐色

图 3　病斑变为紫红褐色

图 4　病斑中央渐变为浅红褐色

图 5　病斑中央变成灰白色至枯白色

图 6　病斑上散生小黑点，叶片正面与背面对比

图 7　病斑边缘有红棕色环圈

图 8　后期病斑破裂或穿孔

图 9　多个病斑连接成片

发生规律

病原菌为花生灰斑病菌，属半知菌亚门，球壳孢目，叶点霉属。主要以分生孢子器在病残体上越冬。翌年条件适宜时分生孢子器破裂，释放出分生孢子，通过雨水或气流传播进行初次侵染和再侵染（图 10）。一般从叶片表面伤口或坏死的组织侵入致病（图 11），后扩散到叶的新鲜组织。

高温、高湿有利于病害发生。花生重茬连作、地势低洼地块发病重。种植密度大、氮肥施用过多、耕作粗放、杂草丛生，易造成田间郁闭的小气候，有利于病害的发生和发展。

图 10　病菌再侵染

图 11　病菌从伤口再侵染

防治措施

1. 农业防治　选种抗（耐）病品种。花生与玉米、甘薯、大豆等实行轮作。合理密植，科学施肥，增施磷钾肥，大雨后及时清沟排水降湿。适时喷洒植物生长调节剂，化学调控植株生长。花生收获后，清除田间病残体，集中烧毁或沤肥，深耕深翻土壤。

2. 化学防治　在发病初期，及时喷洒药剂进行防治。

每亩可选用 80% 代森锰锌可湿性粉剂 60 ~ 75g，或 50% 多菌灵悬浮剂 50 ~ 80mL，或 50% 咪鲜胺锰盐可湿性粉剂 40 ~ 60g，或 30% 烯唑醇悬浮剂 10 ~ 20mL，或 1.8% 辛菌胺醋酸盐水剂 150 ~ 250mL，或 300g/L 苯甲・丙环唑乳油 20 ~ 30mL 等，对水 40 ~ 60kg，均匀喷雾。也可选用 75% 百菌清可湿性粉剂 500 ~ 600 倍液，或 50% 腐霉利可湿性粉剂 800 ~ 1 000 倍液，或 70% 甲基硫菌灵可湿性粉剂 1 500 ~ 2 000 倍液，或 50% 氯溴异氰尿酸可溶粉剂 800 ~ 1 000 倍液，或 25% 戊唑醇可湿性粉剂 1 500 ~ 2 000 倍液，或 17% 唑醚·氟环唑悬浮剂 800 ~ 1 000 倍液等，均匀喷雾，每亩喷药液 40 ~ 60kg。喷药时宜加入 0.03% 的有机硅或 0.2% 洗衣粉作为展着剂，间隔 10 ~ 15d 喷 1 次，连喷 2 ~ 3 次，可兼治其他叶斑病害。

十九、花生轮斑病

分布与为害

花生轮斑病是花生上的一种次要的叶斑类病害，在印度、尼日利亚和泰国等地均有报道，在我国山东、河南、湖北等省份有零星分布。在田间常与黑斑病、褐斑病等混生或重生，一般发生较轻，为害不重，严重时造成落叶，使花生长势衰弱。

症状特征

花生轮斑病主要为害叶片，症状与焦斑病类似，通常在田间很难区分。

在叶片上常靠近叶缘或叶尖形成圆形或近圆形的淡褐色至黑褐色轮纹斑（图 1），病斑轮纹粗细不一，有的病斑轮纹粗而稀疏，有的病斑轮纹很细而较密集，上生黑色霉层，即病菌的分生孢子梗和分生孢子（图 2）。病斑坏死组

图 1　花生轮斑病病斑

织边缘通常有 1 条清晰的黄色晕圈。在病害发展后期，病斑坏死区域变成暗褐色，质地脆弱，易破裂。病害严重时引起叶片脱落。

图 2　花生轮斑病叶片正面与背面病斑比较

发生规律

病原菌为细交链格孢菌，属半知菌亚门，丝孢目，链格孢属。主要以分生孢子或菌丝体在田间病残体上越冬。翌年条件适宜时病菌萌发产生分生孢子，通过雨水或气流传播，进行初次侵染和再侵染，从叶片表面气孔或伤口侵入致病。在适宜的环境条件下，很快显现症状并产生新的孢子，在一个季节里可有多次再侵染。该菌寄主范围广泛，除花生外，还可侵染大豆、番茄、小麦、棉花、向日葵等多种作物。

高温、高湿有利于病害发生，连续降水、温度 20 ~ 25℃最有利于病害的发生蔓延。花生重茬连作、地势低洼地块发病重。种植密度大、氮肥施用过多、耕作粗放、杂草丛生，易造成田间郁闭的小气候，有利于病害的发生和发展。

防治措施

1. 农业防治 选种抗（耐）病品种或无病种子。重病田与非寄主作物实行2年以上的轮作。合理密植，配方施肥，避免偏施氮肥，大雨后及时清沟排水降湿。适时喷洒植物生长调节剂，调控植株生长。深耕土壤，清洁田园，清除田间病残体。

2. 化学防治 在发病初期，及时喷洒药剂进行防治。

每亩可选用75%百菌清可湿性粉剂100～130g，或25%联苯三唑醇可湿性粉剂50～80g，或10%苯醚甲环唑水分散粒剂50～80g，或12.5%烯唑醇可湿性粉剂25～35g，或60%唑醚·代森联水分散粒剂60～100g，或25%多·锰锌可湿性粉剂100～200g等，对水40～60kg，均匀喷雾。也可选用36%甲基硫菌灵悬浮剂1 000～1 500倍液，或24%腈苯唑悬浮剂1 000～1 500倍液，或50%腐霉利可湿性粉剂800～1 000倍液，或6%戊唑醇微乳剂500～600倍液，或40%氟硅唑乳油5 000～7 000倍液，或325g/L苯甲·嘧菌酯悬浮剂1 000～1 500倍液等，均匀喷雾，亩喷药液40～60kg。喷药时宜加入0.03%的有机硅或0.2%洗衣粉作为展着剂，间隔10～15d喷1次，连喷2～3次，可兼治其他叶斑病害。

二十、花生灰霉病

分布与为害

花生灰霉病属世界性病害，分布比较广泛。美国、委内瑞拉、俄罗斯、日本、坦桑尼亚及大洋洲等地均有报道。在我国主要发生于南方花生产区，河南等北方花生产区也有零星分布，一般为害不很严重，但在气候条件适宜时也可暴发成灾。主要发生在花生生长前期，造成烂顶死苗，缺苗断垄，后期轻病株虽能恢复生长，但长势弱，开花结果迟，影响荚果数量和种子饱满度，造成减产。

症状特征

花生灰霉病可为害叶片、托叶、茎、果针和荚果等部位。顶部及以下第 2 ~ 3 片复叶、托叶和近地面的茎部最易染病，通常叶片先发病，向茎基和地下部蔓延（图 1）。发病部位初期出现圆形或不规则形水渍状病斑，后迅速扩大，变灰褐色至黑褐色，呈沸水烫过软腐状，病部表面密生灰色霉层（图 2），

图 1　茎基部受害状

即病菌的分生孢子梗、分生孢子和菌丝体。天气潮湿时，病菌可迅速侵染植株所有部位，造成部分枝条或全株腐烂死亡。如遇天气转晴和高温、低湿的条件，仅上部枯死的轻病株还可恢复生长或抽出新枝。天气干燥时，叶片上病斑近圆形，淡褐色，直径 2 ~ 8mm（图 3）。茎基部和地下荚果受害，变褐腐烂，发病部位产生大量黑色扁圆形或不规则形菌核。菌核直径 0.5 ~ 5mm，表面粗糙、坚硬。

图 2　叶片正面与背面病斑症状

图 3　天气干燥时病斑

发生规律

病原菌为灰葡萄孢菌，属半知菌亚门真菌，丛梗孢目，葡萄孢属；有性世代为富氏葡萄核盘菌，属子囊菌亚门，柔膜菌目，葡萄核盘菌属，国内尚未发现，主要以菌核在土壤中或病株残体中越冬。翌年菌核萌发长出菌丝和分生孢子，进行初侵染，病组织上产生的分生孢子，引起多次再侵染。分生孢子随气流和雨水传播，从表皮直接侵入或从伤口侵入致病。病叶接触茎部，也能导致茎部发病。除花生外，病菌还可为害葡萄、茄子、番茄、甘蓝、菜豆、洋葱、马铃薯、草莓等60多种植物。

长期多雨、多雾、气温偏低、花生生长衰弱是灰霉病发生流行的主要条件。病菌生长适温为10 ~ 20℃，饱和湿度利于分生孢子的产生和萌发。气温12 ~ 16℃和相对湿度90%以上的低温、高湿天气有利于病害发生。花生品种间抗病性有差异。初花期易感病。播种后出土慢的植株发病较重。过量偏施氮肥的地块发病重，施草木灰或钾肥的发病轻。沙质土较冲积土和黄泥土地块发病重，水田、低洼地块由于湿度大，病害发生早且重。

防治措施

1. 农业防治 因地制宜选用抗（耐）病品种。重病田与非寄主作物实行2年以上的轮作，选择沙壤土或壤土种植花生。适期播种，春季寒潮频繁区不宜过早播种，无霜期短、秋雨较多地区不宜过晚播种。深耕土壤，精细整地，提高播种质量。配方施肥，避免偏施氮肥，增施磷钾肥或草木灰。合理密植，适时化学调控植株生长，清除田间杂草。大雨后及时排出积水，降低田间湿度。花生收获后清除田间病残体。

2. 生物防治 每亩可选用10亿孢子/g木霉菌可湿性粉剂25 ~ 50g，或1 000亿芽孢/g枯草芽孢杆菌可湿性粉剂35 ~ 55g，或3亿CFU/g哈茨木霉菌水分散粒剂100 ~ 160g，或10亿CFU/g海洋芽孢杆菌可湿性粉剂100 ~ 200g，或0.3%丁子香酚可溶液剂85 ~ 120mL，或10%多抗霉素可湿性粉剂100 ~ 140g等生物制剂，对水40 ~ 60kg喷雾。

3. 化学防治 常发病区，在花生齐苗后或发病初期，及时喷药进行防治。

每亩可选用50%腐霉利可湿性粉剂70 ~ 100g，或75%百菌清可湿性粉剂120 ~ 200g，或5%已唑醇悬浮剂75 ~ 150mL，或50%克菌丹可湿性粉剂150 ~ 200g，或21%过氧乙酸水剂150 ~ 250mL，或50%硫黄·多菌灵可湿性粉剂150 ~ 170g等对水40 ~ 60kg，均匀喷雾。也可选用50%异菌脲悬浮剂750 ~ 1 000倍液，或50%啶酰菌胺水分散粒剂1 000 ~ 1 500倍液，或80%嘧霉胺水分散粒剂1 000 ~ 2 000倍液，或50%咪鲜胺锰盐可湿性粉剂1 000 ~ 2 000倍液，或50%咯菌腈可湿性粉剂4 000 ~ 6 000倍液，65%甲硫·乙霉威可湿性粉剂600 ~ 1 000倍液等喷雾，每亩喷施药液40 ~ 60kg。间隔7 ~ 10天喷1次，连喷2 ~ 3次。喷药时宜加入0.03%有机硅或0.2%洗衣粉做展着剂，可兼治其他叶斑病害。

二十一、花生丛枝病

分布与为害

花生丛枝病是热带、亚热带地区的一种重要病害，分布于印度尼西亚、泰国、印度和日本等亚洲国家，我国主要分布于海南、广东、广西、福建、湖南和台湾等南方花生产区，山东、河南等北方产区也有零星发生。在海南、广东发生普遍，一般春花生发病率 2% ~ 3%，秋花生发病率 10% ~ 20%，严重的高达 80% 以上。感病越早，减产越多，早期感病株颗粒无收，中期感病减产 60% 以上，后期感病减产 10% ~ 30%。

症状特征

花生丛枝病是整株系统性侵染病害，通常在花生开花下针时开始发生。最显著的特征是枝叶丛生，叶片变小，叶色变黄，节间缩短，病株矮小，不结果实（图 1）。

初期病株基部叶腋处伸出一些弱小茎叶，并向上发展至顶梢，新叶变小变厚，色深质脆，后病株腋芽大量萌发，枝叶丛生，似扫帚状，正常叶片逐渐变黄脱落，仅剩小叶丛生的枝条。病株节间缩短，植株矮化，多为健株株高的 1/2。花器变形，花瓣、雄蕊和子房逐渐变成绿色叶片状。果针不能正常入土或入土很浅或顶端反向上生长变成秤钩状。根部萎缩，幼根和根毛少。荚果很少或不结实，果皮较厚，果仁不充实，表面有突起的红褐色导管，生吃味苦。

图 1 花生丛枝病病株矮小

发生规律

花生丛枝病的病原为植原体（MLO），属原核生物界，硬壁菌门，柔膜菌纲（又称软球菌纲），非固醇菌原体目，非固醇菌原体科。植株体是一种无细胞壁的单细胞原核生物，专性寄生于植物筛管内，主要分布在病株韧皮部。对四环素类抗生素敏感，而对青霉素不敏感。由小绿叶蝉传播，带毒叶蝉将病原从其他寄主传到花生，菟丝子和人工嫁接可传病，蚜虫、土壤和种子不传病。

病害发生程度与叶蝉数量密切相关，叶蝉大发生年份发病严重。小绿叶蝉最短获毒期为 24 h 以内，虫体循回期 9 ～ 11d，带毒成虫和若虫可终生传病，1 ～ 10 只叶蝉传毒效率差异不大。在广东，春花生迟播（清明后）和秋花生早播（大暑前）地块发病重，一般沙土薄地比黏土地、旱地比水田、连作地比轮作地发病重，干旱年份或久旱之后遇雨发病较重。花生品种间抗病性有差异，蔓生型品种较直生型品种病重。

防治措施

1. 农业防治 因地制宜选用抗（耐）病品种。花生田与非豆科作物实行2年以上的轮作。适时播种，春花生适时早播，秋花生适时晚播，广东春花生以雨水至春分、秋花生在立秋后播种较为合适。加强肥水管理，促使花生健壮生长，提高抗耐病力。铲除花生田内外豆科杂草和绿肥等，发病初期及时拔除病株，减少初侵染来源。

2. 化学防治 花生开花前及时喷药防治叶蝉，切断病害传播途径，是化学防治的重点。

每亩可选用50%啶虫脒水分散粒剂2～3g，或25%噻嗪酮可湿性粉剂40～50g，或10%联苯菊酯水乳剂20～30mL，或98%杀螟丹可溶性粉剂35～45g，或500g/L丁醚脲悬浮剂80～120mL，或25%速灭威可湿性粉剂100～200g等，对水40～60kg，均匀喷雾。也可选用10%吡虫啉可湿性粉剂2 000～3 000倍液，或45%杀螟硫磷乳油800～1 000倍液，或40%乐果乳油1 000～1 500倍液，或10%氯氰菊酯乳油2 000～3 000倍液，或240g/L虫螨腈悬浮剂2 000～3 000倍液，或50%烯啶虫胺可溶粒剂10 000～20 000倍液等，均匀喷雾，亩喷药液40～60kg。药液喷在叶片正面、背面，对田边的杂草、果树等寄主也要喷药，间隔7～10d喷1次，连续防治2～3次。

二十二、花生黏菌病

分布与为害

花生黏菌病又称为煤污病，属于偶发性病害，在我国分布较为普遍，尤其在南方发生严重。病原物在花生茎叶表面腐生，一般不直接为害，但是大量繁殖黏附在寄主上，影响茎叶正常的呼吸作用和光合作用（图1），严重时造成植株生长衰弱，叶片变黄，易被其他病原物侵染。

图1　花生黏菌病田间为害状

症状特征

花生黏菌病主要为害花生的叶片、茎秆、叶柄和果针。病部表面初期布满胶黏淡黄色液体，后期长出许多半球形至不规则形状的斑块，呈白色、灰白色、土灰色、紫褐色或黑褐色（图 2），如泡沫状整齐地排列覆盖在花生茎叶表面（图 3），后扩大连片，蔓延到整个茎叶、周围杂草、土壤表面（图 4）及枯枝（图 5）、落叶等处。

图 2　黏菌斑块

图 3　黏菌斑块如泡沫状整齐排列在花生茎叶表面

图 4　黏菌蔓延到地表及杂草

图 5　地表枯枝上的黏菌

环境湿度大时，斑块上产生孢子囊（图 6），破裂后散发出深褐色烟尘状孢子粉（图 7）。空气湿度降低后，病斑逐渐消失，病部产生灰白色粉末状硬壳质结构（图 8），剥开呈石灰粉状。

图 6　黏菌斑块上产生孢子囊

图 7　孢子囊破裂后散发出深褐色孢子粉

图 8　病害产生灰白色粉末状硬壳质结构

发生规律

病原物为黏菌，属于真菌界黏菌门，是介于动物和真菌之间的一类多细胞真核微生物。大多数黏菌为腐生菌，只有极少数种类为寄生菌，直接为害寄主。黏菌以孢子囊在植物体、病残物或地表等处越冬，病原孢子借风雨、流水、农事操作或动物传播扩散，也可随繁殖材料进行传播。除花生外，黏菌还可为害草莓、西瓜、芝麻（图 9）、玉米（图 10）、茶树、花卉苗木及杂草等多种低矮植物。各地发病时间主要集中

图 9　黏菌病为害芝麻

图 10　黏菌病为害玉米

6 ~ 8 月。一般从植株下部近地面部位向上逐渐发展，可达上层叶片，使植株各部位发病。

休眠中的黏菌孢子囊具有极强的抗低温、干旱等不良环境条件的能力。黏菌适宜生长在有机质丰富、高温、潮湿的地方。花生生长旺季，遇高温、高湿天气，黏菌病则容易发生；如干旱少雨、气温偏低，则发生较轻。种植过密、田间郁闭、杂草丛生的阴暗潮湿环境利于其发生蔓延，土壤湿度大、有机质丰富或施用未充分腐熟有机肥的地块发生重。

防治措施

1. 农业防治 选择地势高燥、平坦地块及沙性土壤栽植花生。雨后及时排水，防止大水漫灌。合理密植，精耕细作，及时清除田间杂草和病残体。配方施肥，施用充分腐熟的有机肥。

2. 化学防治 黏菌病一般不需要进行特别防治，也没有专用的防治药剂，必要时可按一般真菌与细菌性病害对待，在发病初期进行防治。

每亩可选用 80% 代森锰锌可湿性粉剂 60 ~ 80g，或 70% 甲基硫菌灵可湿性粉剂 25 ~ 35g，或 75% 百菌清可湿性粉剂 110 ~ 130g，或 25% 戊唑醇可湿性粉剂 25 ~ 35g，或 41% 乙蒜素乳油 60 ~ 100g，或 50% 硫黄·多菌灵可湿性粉剂 160 ~ 240g 等，对水 40 ~ 60kg，均匀喷雾。也可选用 30% 碱式硫酸铜悬浮剂 400 倍液，或 20% 噻菌铜悬浮剂 300 ~ 500 倍液，或 15% 络氨铜水剂 300 ~ 500 倍液，或 12.5% 松脂酸铜乳油 300 ~ 500 倍液，或 50% 苯菌灵可湿性粉剂 600 ~ 800 倍液，或 72% 农用硫酸链霉素可溶粉剂 1 000 ~ 2 000 倍液等，均匀喷雾，每亩喷药液 40 ~ 60kg。药液喷淋在发病部位及周围地表、杂草等处。

二十三、花生基腐病

分布与为害

花生基腐病是近年发现的一种花生新病害，分布在世界各大洲，包括美国、英国、南非、澳大利亚、日本、印度、越南等国家和地区，我国台湾、广东、江西、河南等花生产区有零星发生或疑似报道。花生苗期到成熟期均可发生，造成植株枯死（图 1）。严重发生地块病株率达 30%以上，花生减产严重，发病越早损失越大。

图 1 病苗枯死

症状特征

花生基腐病主要为害花生茎基部、根系和荚果等。病株地上部叶片变黄，植株逐渐萎蔫、枯死（图 2）；病株地下茎基部、荚果和根系变黑色腐烂、表皮脱落（图 3）。湿度大时，近地面处或长出新的不定根（图 4）；病部出现许多橙色至褐色的球状小颗粒，即病菌的子囊壳（图 5）。田间症状与花生黑腐病极相似，所不同

图 2　病株枯萎

图 3　病株根系变黑色，腐烂

图 4　近地面处长出新的不定根

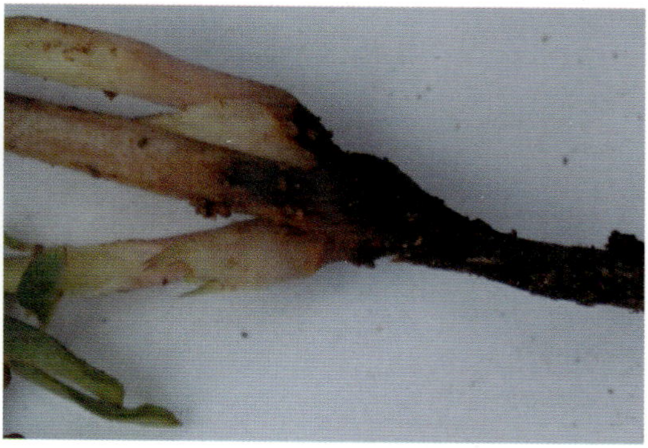

图 5　花生基腐病病菌的子囊壳

的是基腐病的子囊壳偏淡橙色，颜色较淡，黑腐病的子囊壳偏鲜红色，颜色较鲜艳（图 6）。

图 6 花生黑腐病病菌的子囊壳
（引自 www.jxszbzjj.gov.cn）

发生规律

病原菌有性阶段为侵管新赤壳菌，属子囊菌亚门真菌，盘菌目，盘菌科，无性阶段为枝顶孢菌属半知菌亚门真菌，丛梗孢目，枝顶孢霉属。主要随病残体在土壤中越冬，并成为翌年主要初侵染源，带菌的种粒、荚果及混有病残体的土杂肥也可成为初侵染源。在田间主要借风雨、流水和农事操作传播，种子调运可助其远距离传播。病菌从伤口侵入或表皮直接侵入致病。寄主除花生外，还有豆类、苜蓿、辣椒等多种作物和杂草。

低洼积水、土质沙性强、土壤贫瘠的地块发病重，花生连作、土壤耕翻浅、施用带菌未腐熟的有机肥、管理粗放、地下害虫多的地块发病重。

防治措施

1. 农业防治 选用抗（耐）病品种、无病种子，无病田留种，播种前精选种粒。清除病残体，深翻土壤，精细整地。合理轮作，提倡与禾谷类等非寄主植物实行 2 ～ 3 年轮作。适时播种，播种不宜过深。配方施肥，施足基肥，追施草木灰，施用充分腐熟的有机肥。

2. 化学防治

（1）种子处理：播种前，按药种比，可选用25g/L咯菌腈悬浮种衣剂1:（125 ~ 167），或50%多菌灵可湿性粉剂1:（100 ~ 200），或15%福·克悬浮种衣剂1:（40 ~ 50），或22%苯醚·咯·噻虫悬浮种衣剂1:（150 ~ 200）等包衣或拌种。或者按种子重量，可选用0.3% ~ 0.8%的50%福美双可湿性粉剂，或0.1% ~ 0.3%的12.5%烯唑醇可湿性粉剂，或0.2% ~ 0.4%的3%苯醚甲环唑悬浮种衣剂，或0.4% ~ 0.8%的25%噻虫·咯·霜灵悬浮种衣剂等包衣或拌种。

（2）土壤处理：结合耕翻整地，每亩可选用80%多菌灵可湿性粉剂2 ~ 3kg，或50%福美双可湿性粉剂2 ~ 3kg，或70%甲基硫菌灵可湿性粉剂2 ~ 3kg，或70%敌磺钠可溶粉剂3 ~ 5kg，或40%五氯硝基苯粉剂5 ~ 7kg等，加细土或水均匀混施于土壤中。

（3）药剂灌根：发病初期，每亩可选用80%多菌灵可湿性粉剂60 ~ 80g，或50%氯溴异氰尿酸可溶粉剂40 ~ 80g，或12.5%烯唑醇可湿性粉剂30 ~ 40g，或30%醚菌酯悬浮剂50 ~ 70mL，或25%联苯三唑醇可湿性粉剂50 ~ 80g，或10%苯醚甲环唑水分散粒剂50 ~ 80g等，对水50 ~ 60kg，灌根或喷淋花生茎基部。也可选用50%福美双可湿性粉剂600 ~ 800倍液，或70%甲基硫菌灵可湿性粉剂600 ~ 800倍液，或25%咪鲜胺乳油600 ~ 800倍液，或80%乙蒜素乳油800 ~ 1 000倍液，或40%丙环唑乳油2 000 ~ 2 500倍液，85%三氯异氰尿酸可溶粉剂1 000 ~ 1 500倍液等，均匀喷淋花生茎基部，每亩喷药液50 ~ 60kg，或每穴浇灌药液0.2 ~ 0.3kg。发病严重时，间隔7 ~ 10d防治1次，连续防治2 ~ 3次，药剂交替施用，药液着重喷淋茎基部，使药液顺茎秆流到根部，兼治根腐病、茎腐病等病害。

二十四、花生黑腐病

分布与为害

花生黑腐病也称为圆锥黑斑病，是花生上的一种毁灭性病害。分布在美国、澳大利亚、巴西、洪都拉斯、喀麦隆、日本、印度、斯里兰卡、伊朗、印度尼西亚、韩国等国家，国内在广东、江西、江苏、山东等地有发生或疑似报道。2007 年，我国将其列为进境植物检疫性病原菌。花生的幼苗至成熟期均可发生(图 1)，以生长 50 ~ 90d 的植株最易感病，一般造成减产 10% ~ 50%，严重的超过 50%。

图 1　花生黑腐病大田为害状（引自盖云鹏《植物检疫》Vol.28.No.4）

症状特征

花生黑腐病主要为害花生的茎基部、根系、果针与荚果等地下组织。幼苗受害，表现为子叶、主根和胚轴变黑、腐烂，病株枯死。成株期受害，病株初期叶片褪绿、叶尖和叶缘枯黄，发育迟缓，后期茎叶萎蔫枯死（图 2）；病株易被从土壤中拔出；茎基部、根系和荚果等发病部位出现凹陷的黑色病斑，严重时根系全部变黑、腐烂、坏死，根尖脱落，近地面处或长出新的不定根（图 3）；受害果荚变黑，有许多淡褐色微小刻点（图 4），种子种皮色暗淡，有

图 2　病株茎叶萎蔫（引自 www.jxszbzjj.gov.cn）

图 3　病株近地面处长出新的不定根（引自 www.jxszbzjj.gov.cn）

图 4　受害荚果（引自盖云鹏《植物检疫》Vol.28.No.4）

红褐色斑点，种壳内有大量黄褐色棉絮状菌丝和深褐色微菌核（图5）。在潮湿条件下，发病部位及土壤表面产生大量橙红色到深红色的近卵圆形小颗粒（图6），即病菌的子囊壳。花生黑腐病的症状与花生基腐病的症状非常相似，只是其子囊壳比花生基腐病的子囊壳颜色更深、更红（图7）。

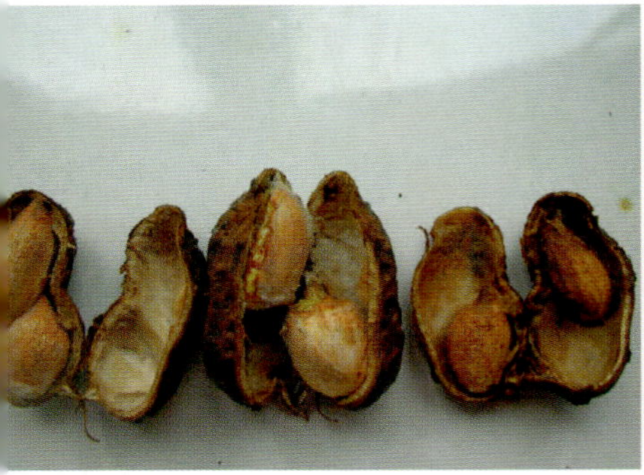

图5　病果内部（引自盖云鹏《植物检疫》Vol.28.No.4）

图6　发病部位产生红色的病菌子囊壳（引自 www.jxszbzjj.gov.cn）

图7　花生黑腐病病菌的子囊壳（引自 www.jxszbzjj.gov.cn）

发生规律

病原菌为寄生柱枝孢菌，属子囊菌亚门真菌，粪壳菌纲，肉座菌目，丛赤壳科，柱枝孢属；有性阶段为冬青丽赤壳菌，属子囊菌亚门真菌，粪壳菌纲，肉座菌目，丛赤壳科，丽赤壳属。以菌丝、子囊壳或微菌核在土壤中、病残体上和种子表面越冬，翌年微菌核萌发成为初侵染源。病菌从根部、茎秆与荚果表皮直接侵入或伤口侵入，病株上产生微菌核或子囊孢子进行再侵染。主要借助风雨、土壤和农事操作等传播，带菌果荚可携带大量的菌丝和微菌核远距离传播。除花生外，病菌还可侵染大豆、豇豆、苜蓿、蓝莓、茶树、菊苣、番茄、番木瓜、猕猴桃、合欢等多种植物。

花生黑腐病是典型的土壤传播和种子传播病害，在田间常有明显的发病中心。病菌腐生性强，微菌核、厚垣孢子能在土壤中存活很长时间。病菌生长发育最适温度 25 ~ 30℃，pH 值 4.0 ~ 10.0 均能生长，以中性偏酸比较适宜。花生连作、地势低洼、排水不良、土质黏重或土层浅薄的地块发病重。种子带菌率高、有机肥带菌或未充分腐熟时发病重。持续阴雨，田间郁闭，通风透气性差，田间湿度大，土壤含水量高，更易发病。田间根结线虫病等病虫害，常加重其发生为害。

防治措施

1. 加强检疫 花生黑腐病侵染性和抗逆性强，寄主范围广，病原菌在土壤中存活时间长，可通过种子、带菌土壤、病残组织等多种途径传播。加强检疫措施，严禁带菌的花生、大豆等种子传播。

2. 农业防治 选用抗（耐）病品种、无病种子，无病田留种，播种前精选种子，剔除带斑点、变色、霉烂种粒。实行水旱轮作，或花生与棉花、玉米、高粱等非寄主植物实行 3 ~ 5 年或以上轮作，避免与豆科植物轮作。施用充分腐熟的农家肥，合理施用氮肥。大雨后及时排渍降湿，清除田间病残体，及时防治其他病虫害。

3. 化学防治

（1）种子处理：播种前，按药种比，可选用 3% 苯醚甲环唑悬浮种衣剂 1:（250 ～ 500），或 1.5% 咪鲜胺悬浮种衣剂 1:（100 ～ 120），或 400g/L 氟硅唑乳油 1:（125 ～ 167），或 35% 噻虫 · 福 · 萎锈悬浮种衣剂 1:（160 ～ 200）等包衣或拌种。或者按种子重量，可选用 0.6% ～ 0.8% 的 2.5% 咯菌腈悬浮种衣剂，或 0.04% ～ 0.08% 的 35% 精甲霜灵种子处理乳剂，或 0.1% ～ 0.3% 的 12.5% 烯唑醇可湿性粉剂，或 0.5% ～ 0.7% 的 22% 苯醚 · 咯 · 噻虫悬浮种衣剂等包衣或拌种。

（2）土壤处理：在种植前 2 ～ 3 周，每亩可选用 35% 威百亩水剂 5 ～ 20kg 等，进行土壤熏蒸。结合春季整地，每亩可选用 50% 福美双可湿性粉剂 2 ～ 3kg，或 70% 甲基硫菌灵可湿性粉剂 2 ～ 3kg，或 80% 多菌灵可湿性粉剂 2 ～ 3kg，或 70% 敌磺钠可溶粉剂 3 ～ 5kg，或 40% 五氯硝基苯粉剂 5 ～ 7kg 等，加细土或水均匀混施于土壤中。

（3）药剂灌根：发病初期，及时防治发病中心病株。每亩可选用 50% 多菌灵可湿性粉剂 100 ～ 120g，或 75% 百菌清可湿性粉剂 100 ～ 120g，或 50% 氯溴异氰尿酸可溶粉剂 40 ～ 80g，或 30% 己唑醇悬浮剂 20 ～ 30mL，或 30% 醚菌酯悬浮剂 50 ～ 70mL，或 25% 联苯三唑醇可湿性粉剂 50 ～ 80g 等，对水 50 ～ 60kg，灌根或喷淋花生茎基部。也可选用 40% 菌核净可湿性粉剂 600 ～ 800 倍液，或 50% 腐霉利可湿性粉剂 600 ～ 800 倍液，或 25% 咪鲜胺乳油 600 ～ 800 倍液，或 80% 乙蒜素乳油 800 ～ 1 000 倍液，或 40% 丙环唑乳油 2 000 ～ 2 500 倍液，或 20% 三唑酮乳油 1 500 ～ 2 000 倍液等，均匀喷淋花生茎基部，使药液顺茎秆流到根部，每亩喷药液 50 ～ 60kg，或每穴浇灌药液 0.2 ～ 0.3kg。间隔 7 ～ 10d 防治 1 次，连续防治 2 ～ 3 次，药剂交替施用，药液喷足淋透，兼治茎腐病、根腐病等病害。

第二部分 花生害虫

一、蚜虫

分布与为害

蚜虫属昆虫纲，同翅目，蚜科，别名苜蓿蚜、豆蚜、槐蚜，俗称蜜虫、腻虫等，是花生上的一种常发性害虫。世界各花生产区普遍发生，我国各地均有发生。蚜虫寄主甚广，除花生外，还可为害苜蓿、绿豆、豌豆、豇豆、芥菜、槐树、刺儿菜等200余种植物。

图1 蚜虫为害植株幼嫩部位

蚜虫自花生种子发芽到收获期均可为害，以花期前后为害最重。成虫和若虫群集在幼茎、嫩芽、嫩叶、花朵及果针等幼嫩部位刺吸汁液（图1），致使叶片变黄扭缩（图2），生长缓慢或停滞，植株矮小，影响开花下针和结实。蚜虫排出的大量蜜露，引起霉菌寄生，使茎叶发黑，影响光合作用，甚至整株枯死。蚜虫还能传播

图2 蚜虫为害叶片变黄扭缩状

多种病毒病，为害更大。受害花生轻者减产 20% ~ 30%，重者减产 50% ~ 60%，甚至绝收。

形态特征

（1）成虫：分为有翅胎生成虫和无翅胎生成虫 2 种。体黑色、黑绿色或紫黑色，有光泽；复眼黑褐色；触角 6 节，约为体长的 2/3，第 3 节较长，上有 4 ~ 7 个感觉圈，排列成行；腹管黑色，圆筒形（图 3），约为尾片的 2 倍；尾片上翘，黑色，乳突状，两侧各生刚毛 3 根。足黄白色，基节、转节、跗节及胫节和腿节端部黑色。有翅胎生雌蚜体长 1.5 ~ 1.8mm；触角第 1 ~ 2 节黑褐色，第 3 ~ 6 节黄白色，节间淡褐色；翅基、翅痣、翅脉均为橙黄色，后翅有中脉和肘脉（图 4）。无翅胎生雌蚜体长 1.8 ~ 2.0mm；体较肥胖，被薄蜡粉；触角第 1、2、6 节及第 5 节末端黑色，其余黄白色。

图 3　有翅胎生雌蚜成虫与若虫

图 4　有翅胎生雌成虫

（2）若虫：分为有翅胎生若虫和无翅胎生若虫 2 种。与成虫相似，体小，灰紫色或黄褐色，体节明显，体上被薄蜡粉，尾片不上翘（图 5）。

（3）卵：长椭圆形，初为淡黄色，后变草绿色，孵化前黑色。

图 5 无翅胎生雌蚜成虫与若虫

发生规律

蚜虫 1 年发生 20 ~ 30 代。在河南、河北、山东等地，1 年发生约 20 代，主要以无翅胎生若蚜在背风向阳处的荠菜、苜蓿、菜豆、冬豌豆等十字花科、豆科植物的心叶及根茎交界处越冬，少量以卵在寄主残体上越冬。翌年春季气温回升到 10℃时开始活动，在越冬寄主上繁殖几代后，4 月中下旬产生有翅蚜，5 月花生出苗后即迁入为害。5 月底至 6 月底、6 月中旬至 7 月上旬是为害春、夏花生盛期。7 月下旬产生有翅蚜，向周围豆科植物扩散，9 ~ 10 月产生有翅蚜，于花生收获前迁飞到越冬寄主上繁殖越冬。在广东、福建、广西等地，1 年发生 30 多代，可在豆科植物上不间断繁殖为害，无越冬现象。4 月下旬至 5 月中旬、9 ~ 10 月是为害春、秋花生的盛期。

蚜虫可行孤雌生殖和两性生殖，其繁殖为害与温、湿度关系密切，最适温度 19 ~ 22℃、相对湿度 60% ~ 70%，每头雌蚜可产若蚜 85 ~ 100 头，4 ~ 6d 即可完成 1 代。春末夏初气候温暖、雨量适中对其发生繁殖有利。大雨对蚜虫有冲刷作用，降水量大、相对湿度高，对其发生不利。旱地、坡地及不覆膜栽培、植株生长茂密、周围寄主较多的地块发生严重。瓢虫、草蛉、食蚜蝇、蚜茧蜂、寄生菌等天敌对其发生有抑制作用。花生不同品种间受害程度有一定差异，蔓生、大粒型、茎叶茸毛较少的品种受害较重。

防治措施

1. 农业防治 合理邻作，花生田块周围尽量避免种植豌豆等其他寄主植物。加强田间管理，适时播种，合理密植，配方施肥，科学灌溉，清洁田园，铲除田间及周边越冬寄主。

2. 物理防治 覆膜栽培，使用银灰色薄膜对苗期蚜虫有明显驱避作用。利用蚜虫的趋黄性，在有翅蚜迁飞期，田内悬挂黄色粘板进行诱杀。

3. 生物防治 保护利用天敌，选用对天敌杀伤小的农药，避免在天敌高峰期用药。当瓢虫与蚜虫比达 1:（80 ~ 100）时，可利用天敌控制蚜虫，不施农药。喷施生物制剂：每亩可选用 1.5% 苦参碱可溶液剂 30 ~ 40mL，或 2.5% 鱼藤酮悬浮剂 100 ~ 150mL，或 0.6% 烟碱·苦参碱油 60 ~ 120mL 等，对水 40 ~ 50kg 喷雾；也可选用 10% 多杀霉素悬浮剂 2 000 ~ 3 000 倍液，或 1.8% 阿维菌素乳油 2 000 ~ 4 000 倍液，或 0.5% 藜芦碱可溶液剂 600 ~ 800 倍液等，均匀喷雾，亩喷药液 40 ~ 50kg。间隔 7 ~ 10d 防治 1 次，连续防治 2 ~ 3 次。

4. 化学防治 防治蚜虫宜早不宜晚，不仅要控制其直接为害，更重要的是预防病毒病的发生为害。应做到防治蚜虫与预防病毒病相结合，田内花生与田外寄主相结合。

（1）种子处理：播种前，可选用 30% 噻虫嗪种子处理悬浮剂 2.5 ~ 5mL，或 600g/L 吡虫啉微囊悬浮种衣剂 2.5 ~ 4mL 等，拌花生种子 1kg。或者按药种比，选用 30% 萎锈・吡虫啉悬浮种衣剂 1:（100 ~ 130），或 25% 克百・多菌灵悬浮种衣剂 1:（80 ~ 85），或 22% 苯醚・咯・噻虫悬浮种衣剂 1:（150 ~ 200）等包衣或拌种。也可按种子重量，选用 2% ~ 2.5% 的 10% 克百威悬浮种衣剂，或 0.5% ~ 0.6% 的 35% 噻虫・福・萎锈悬浮种衣剂，或 2.8% ~ 4% 的 25% 甲・克悬浮种衣剂等包衣或拌种。

（2）药剂喷雾：蚜虫发生初期，当蚜穴（株）率达 20% ~ 30%，或百穴（株）蚜量达 1 000 头以上时，一般在有翅蚜向花生地迁移高峰后 2 ~ 3d，应立即喷药防治。每亩可选用 48% 毒死蜱乳油 20 ~ 30mL，或 25g/L 溴氰菊酯乳油 20 ~ 25mL，或 50% 抗蚜威可湿性粉剂 10 ~ 30g，或 20% 烯啶虫胺水分散粒剂 6 ~ 10g，或 20% 氰戊・马拉松乳油 20 ~ 30mL，或 3% 甲维・啶虫脒微乳剂 40 ~ 50mL 等，对水 40 ~ 50kg，均匀喷雾。也可选用 48% 敌敌畏乳油 400 ~ 600 倍液，或 25% 噻嗪酮可湿性粉剂 1 000 ~ 2 000 倍液，或 200g/L 丁硫克百威乳油 1 000 ~ 2 000 倍液，或 600g/L 吡虫啉悬浮剂 8 000 ~ 10 000 倍液，或 1% 阿维・氯氟微乳剂 800 ~ 1 000 倍液，或 25% 辛・氰乳油 1 000 ~ 1 500 倍液等，均匀喷雾，亩喷药液 40 ~ 50kg。间隔 7 ~ 10d 防治 1 次，连续防治 2 ~ 3 次，药剂交替施用。春季蚜虫迁飞之前，在周围越冬寄主上喷洒药剂，可有效杀灭虫源。

二、叶螨

分布与为害

叶螨属蛛形纲蜱螨目叶螨科，俗称红蜘蛛、黄蜘蛛、白蜘蛛等，是世界性的花生常发害虫，在我国各地普遍发生（图 1）。花生田叶螨主要种类有朱砂叶螨、二斑叶螨、截形叶螨等，优势种是朱砂叶螨。叶螨寄主种类广泛，除花生外，还有玉米、棉花、豆类、瓜类、蔬菜、果树、林木、花草等 100 多种植物。

图 1　叶螨花生田间为害状

叶螨以成、若螨多聚集在叶背面刺吸汁液（图 2），叶正面出现失绿斑点（图 3），初为灰白色，逐渐变黄（图 4），成、若螨吐丝结网，在网内为害（图 5），严重时可见叶片表面有一层白色丝网，茎叶被连接在一起（图 6），造成叶片皱缩、干枯脱落，植株枯死（图 7），荚果干瘪。一般减产 10% ~ 20%，重者减产 50% 以上。

图 2　叶螨聚集在花生叶背面刺吸汁液

图 3　叶片正面失绿斑点

图 4　叶螨为害花生叶片正面斑点变黄

图 5　成、若螨吐丝结网

图6　茎叶被白色丝网连接在一起

图7　叶片皱缩、干枯脱落

形态特征

叶螨一生经过卵、幼螨、若螨、成螨 4 个阶段。幼螨 3 对足，若螨与成螨相似，4 对足。雌成螨体长 0.4 ~ 0.6mm、体宽约 0.3mm，雄成螨体长 0.2 ~ 0.4mm、体宽约 0.2mm，雄体腹末较尖。卵近球形，直径约 0.1mm，初无色透明，渐变为淡黄色、橙黄色或橙红色。卵孵化变为幼螨，幼螨蜕皮变为前期若螨，雌若螨蜕皮变为后期若螨，雄若螨不蜕皮，只有前期若螨，若螨体长 0.2 ~ 0.4mm（图 8）。

1. 朱砂叶螨　雌成螨椭圆形，体长 0.4 ~ 0.5mm，红色或深红色，体背两侧各有 1 块三裂长条形深褐色大斑（图 9）。雄成螨菱形，体长约 0.4mm，较雌体色淡，红色、锈红色或黄绿色。卵孵化前微红（图 10）。幼螨近圆形，黄色透明。若螨前期体色淡，雌性后期体色变红。

图8　叶螨成、若螨

图9　朱砂叶螨

图 10　朱砂叶螨雌成螨及卵

图 11　二斑叶螨

2. 二斑叶螨　与朱砂叶螨相似，区别在于二斑叶螨在生长季节无红色个体，肉眼辨别近白色（图 11）。雌成螨生长季节灰绿色、黄绿色、深绿色，体背两侧各有 1 个外侧呈三裂状的明显褐色斑，越冬滞育型个体橙黄色或淡红色，褐色斑先变橙红色后消失。雄成螨浅绿色或黄绿色，体背两个斑不明显。卵孵化前有 2 个红色眼点。幼螨半球形，无色透明，取食后变暗绿色，眼红色。若螨黄绿色至深绿色，两个斑在体背两侧，眼红色。

3. 截形叶螨　雌成螨椭圆形，深红色，足及颚体白色，体侧有白色斑。

发生规律

叶螨 1 年发生 10 ~ 20 代，以雌成螨在土缝、杂草、枯枝落叶中或树皮下越冬，常吐丝结网成群潜伏。除自身爬行外，还可借风雨、鸟兽和机具等传播，也可随种苗远距离扩散。翌春气温 10℃以上，越冬螨开始大量繁殖，在杂草等寄主上繁殖 1 ~ 2 代后，于 4 月下旬至 5 月中旬迁入花生地。在河南、山东等地，6 ~ 7 月为发生盛期，雨季到来后为害减轻，8 月若天气干旱可再次大发生。9 月中下旬花生收获后迁往冬季寄主，10 月下旬开始越冬。

叶螨可两性生殖，也可孤雌生殖，受精卵孵化为雌螨，未受精卵孵化为雄螨，世代重叠严重。成螨羽化后即交配，可多次交配，第 2 天即产卵，每雌产卵 50 ~ 128 粒，多产于叶背。卵历期 2 ~ 13d，幼螨和若螨历期 5 ~ 11d，成螨寿命 19 ~ 29d，8 ~ 30d 完成 1 代。幼螨和前期若螨不甚活动，后期若螨活泼贪食，有向上爬习性。羽化的雄螨有帮助雌螨蜕皮的行为。群体过多食料不足时，常在叶端群集成团，滚落地面，被风刮走，向四周蔓延。

叶螨发育最适温度 25 ~ 31℃、相对湿度 35% ~ 55%，高温、低湿、通风差的环境适于叶螨发生。冬春气温高、干旱少雨，越冬基数大，发生早，为害重；早春的低温多雨及夏秋季的急风暴雨，或田间相对湿度在 80% 以上，能明显抑制叶螨发生为害。间作、邻作或前茬为豆类、瓜类的地块和靠近村庄、果园、温室、向阳坡地的地块发生重。

防治措施

1. 农业防治 合理间作轮作，避免叶螨在寄主间相互转移为害。天气干旱时注意合理灌溉施肥。收获后及时深翻整地，清除田埂、路边和田间的枯枝、落叶、杂草。

2. 生物防治 注意保护或引进天敌，如食螨瓢虫、暗小花蝽、草蛉、小黑隐翅虫、塔六点蓟马、草间小黑蛛、捕食螨、白僵菌等，发挥自然控制作用，当田间益害比达 1:（10 ~ 15）时，一般在 6 ~ 7d，害螨将下降 90% 以上。也可选用 5% 甲氨基阿维菌素苯甲酸盐水分散粒剂 3 000 ~ 4 000 倍液，或 1.8% 阿维菌素乳油 2 000 ~ 4 000 倍液，或 10% 浏阳霉素乳油 1 000 ~ 1 500 倍液，或 0.5% 藜芦碱可溶液剂 600 ~ 800 倍液等喷雾。

3. 化学防治

（1）种子处理：播种前，按药种比，可选用 47% 丁硫克百威种子处理乳剂 1:（300 ~ 400），或 15% 甲拌 · 多菌灵悬浮种衣剂 1:（40 ~ 50），或 25% 克百 · 多菌灵悬浮种衣剂 1:（80 ~ 85）等包衣或拌种。也可按种子重量，选用 2% ~ 2.5% 的 10% 克百威悬浮种衣剂，或 2% ~ 2.5% 的 15% 福·克悬浮种衣剂，或 2.8% ~ 4% 的 25% 甲·克悬浮种衣剂等包衣或拌种。

（2）土壤处理：播种时，每亩可选用 3% 克百威颗粒剂 3 ~ 5kg，或 3% 甲拌磷颗粒剂 3 ~ 5kg，或 5% 丁硫克百威颗粒剂 5 ~ 7kg，或 5% 丁硫·毒死蜱颗粒剂 4 ~ 6kg 等，加细土 20 ~ 25kg 拌匀制成毒土，撒施于播种沟或穴内，覆土后播种。

（3）药剂喷雾：发生初期，当螨株（穴）率达到 20% 以上，应及时喷药防治。每亩可选用 15% 哒螨灵可湿性粉 40 ~ 60g，或 240g/L 虫螨腈悬浮剂 20 ~ 30mL，或 8% 唑螨酯微乳剂 30 ~ 40mL，或 100g/L 联苯菊酯乳油 30 ~ 40mL，或 40% 氧乐果乳油 50 ~ 80mL，或 5% 噻螨酮可湿性粉剂 50 ~ 80g 等，对水 40 ~ 50kg，均匀喷雾。也可选用 97% 矿物油乳油 100 ~ 150 倍液，或 10% 甲氰菊酯水乳剂 500 ~ 1 000 倍液，或 200g/L 双甲脒乳油 1 000 ~ 1500 倍液，或 25% 三唑锡可湿性粉剂 1 000 ~ 2 000 倍液，或 57% 炔螨特乳油 1 500 ~ 2 000 倍液，或 24% 螺螨酯悬浮剂 4 000 ~ 6 000 倍液等，均匀喷雾，亩喷药液 40 ~ 50kg。药液中宜加入 0.03% 的有机硅或 0.2% 洗衣粉，药剂轮换使用，间隔 7 ~ 10d 喷 1 次，连续防治 2 ~ 3 次。药液喷在叶片背面，对田间及周边其他寄主也要喷到，田间点片发生时进行挑治，普遍发生时全田防治。

三、新黑地珠蚧

分布与为害

新黑地珠蚧属昆虫纲半翅目蚧总科珠蚧科，又称乌黑新珠蚧，俗称钢子虫、黑弹虫等，是近年来新发生的一种地下害虫（图 1）。主要分布在河南、河北、山东、陕西等地的沙壤土质花生产区。20 世纪 90 年代以来，发生为害呈蔓延加重趋势。除为害花生外，还可为害大豆、绿豆、豇豆、小豆、蓖麻、半夏、棉花、三棱草、小飞蓬、灰绿藜、碱蓬、苜蓿、反枝苋、马齿苋等植物。

图 1　新黑地蛛蚧田间为害状

新黑地珠蚧以 1 ~ 2 龄幼虫聚集在花生根部为害，主要刺吸根部营养，导致侧根减少，根系衰弱、变黑腐烂（图 2），结果少且瘪；少量刺吸花生荚果，造成果实表皮发黑，果仁秕小。受害植株地上部缺水缺肥状，轻者生长不良，黄弱矮小（图 3），叶片自下而上变黄脱落（图 4），重者枯萎死亡（图 5）。春播花生花针期开始受害，间

图 2　受害株侧根减少根系变黑腐烂

图 3　受害植株轻者地上部生长不良

图 4　叶片自下而上变黄脱落

图 5　重者枯萎死亡

图 6　根部幼虫

套夏花生幼苗期即可受害，结荚期达到高峰。被害植株前期症状不明显，开花后逐渐严重，饱果期普遍显症。一般单穴（株）根部有幼虫10 ~ 50头（图6），多者可达500多头。对花生产量和品质为害极大，平均单株有虫约5头、10头、15头、20头，可致荚果减产约10%、15%、50%、70%。受害田块轻者减产10% ~ 30%，重者可达50%以上，甚至绝收。

形态特征

（1）成虫：雌成虫近椭圆形，乳白色，体柔软粗壮，长4 ~ 9mm，宽3 ~ 7mm，无翅，背面向上隆起，腹面较平；体表多皱褶，密被黄褐色柔毛，前足间毛长且密；触角6节，短粗塔状，眼和口器退化；足3对，很短，前足为开掘足，发达坚硬，黑褐色（图7）。雄成虫黑褐色，体长2 ~ 3mm；头小，复眼大，朱红色，触角7节，黄褐色，栉齿状，口器退化；前足粗壮，中后足较长；前翅发达，前缘黄褐色，后缘臀角处有1个指状突出物，翅脉为2条不明显的纵脉，后翅退化为平衡棒；前胸背板宽大，黑褐色，前缘白色，两侧生有许多褐色长毛；中胸背板褐色，前盾片隆起呈圆球形，盾片中部套折形成1横沟，翅基肩片1对；腹部各节背面各有1对褐色横片，第6 ~ 7腹节横片狭小，各有1管状蜡腺，腹末有一束长2 ~ 4mm的白色蜡丝（图8）。

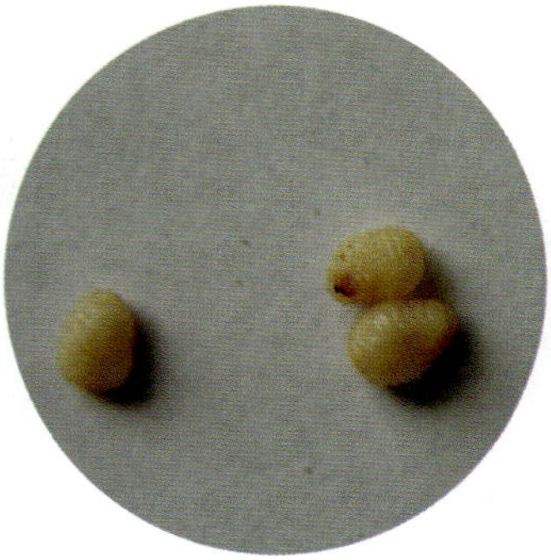

图7　雌成虫

图8　雄成虫

（2）卵：椭圆形，大小约 0.5mm × 0.3mm（图9），初产时乳白色，外附有白色蜡粉，随胚胎发育颜色渐深，孵化前顶端可见 1 对红色眼点。

（3）幼虫：雄性 3 龄，雌性 2 龄。1 龄体长椭圆形，淡黄褐色，大小约 1mm × 0.5mm（图 10）；眼红色，触角粗短，6 节，口器发达；足 3 对，前足粗壮，中后足细长；腹部末端有两条尾丝。2 龄体圆珠状，黑褐色而坚硬，体表被白蜡层。雄性直径约 2mm，雌性直径 3 ~ 6mm（图 11）。3 龄形状与雌成虫相似，长约 2.5mm，触角明显变宽，前足僵直。

（4）蛹（雄）：体长而略扁，长约 3mm，初为乳白色，后变为灰白色至黄褐色；眼点朱红色，触角、足、翅芽均裸露，前足粗大而突伸，第 6 ~ 7 腹节背中央有多个蜡腺，呈带状排列（图 12）。

图9　卵

图 10　卵及刚孵化的 1 龄幼虫

图 11　2 龄幼虫

图 12　蛹（雄）

发生规律

新黑地珠蚧1年发生1代，以2龄雄圆珠状幼虫在6～20cm深的土壤中越冬（图13）。越冬雄虫于4月上旬开始脱壳变为3龄幼虫（图14），盛期4月中旬至5月上旬；4月上旬幼虫开始化蛹，盛期4月下旬至5月中旬；4月下旬蛹开始羽化为雄成虫，盛期5月中旬至6月上旬。越冬雌虫于4月下旬开始蜕壳变为雌成虫，盛期为5月中下旬。5月中旬雌虫开始产卵，盛期6月上中旬。6月上旬卵开始孵化，6月中旬至7月上

图13　2龄雄圆珠状幼虫在土壤中越冬后脱壳

图14　脱去壳的2龄雌幼虫及3龄雄幼虫

旬为卵孵化及1龄幼虫盛期。7月下旬至8月上旬是2龄幼虫为害盛期。重发生地块，7月下旬即有零星死棵，8月死棵明显增多，可成片死亡。9月花生收获时，大量虫体从根系上脱落，留在土壤中越冬，少量随花生棵带出田外，或混入种子、粪肥中越冬，向外传播。

成虫羽化后即可交配，在土表层活动，有1雌与多雄交配的习性和孤雌生殖特性。雄成虫可短距飞行，交配后不久死亡，雌虫交配后7 ~ 14d产卵，卵成堆产于土室内，外被白色蜡质絮状物，多分布在8 ~ 12cm深土层中（图15），每雌产卵108 ~ 1 215粒，多为200 ~ 400粒，平均约338粒（图16）。雌虫寿命11 ~ 23d，卵期9 ~ 30d。1龄幼虫爬行迅速，15 ~ 16时最活跃，找到寄主后，钻入土中5 ~ 15cm深处，固定在花生根部刺吸汁液。蜕皮后变为2龄幼虫，触角和足等退化，失去活动能力，分泌蜡质物，体色变深，逐渐变成圆珠状（图17）。圆珠状幼虫抗逆性强，历期长达约260d，并可休眠2 ~ 3年。3龄幼虫期3 ~ 7d，前蛹期3 ~ 7d，蛹期6 ~ 13 d。

图15　土壤中的土室及卵

图16　土室内的卵

新黑地珠蚧喜干怕湿，干燥疏松的土壤环境适于其发生。4月中旬至5月上旬气温高、湿度适宜发生早，若干旱少雨，则不利于脱壳后的虫体成活；6月中旬至7月上旬，田间缺水干旱，对成虫羽化、卵孵化和1龄幼虫寻找寄主有利，若雨日多、降水量大，则发生减轻。沙土地较壤土、黏土地发生重。重茬连作、管理粗放、田间杂草多的地块，发生严重。

图 17　虫体大小不同的 2 龄幼虫

防治措施

1. 农业防治　轮作倒茬是最简单有效的防治方法，花生与小麦、玉米、芝麻、甘薯、瓜类等作物实行轮作，重发生地块可实行 3 ~ 5 年轮作，或水旱轮作效果更佳；6 月结合中耕除草，消灭杂草寄主，破坏土室，杀伤部分成虫和 1 龄幼虫；6 月中旬至 7 月上旬，天气干旱、少雨时，要适时浇水，结合药剂防治效果更好。

2. 化学防治　新黑地珠蚧可在播种期和生长期进行防治，可兼治地下害虫等。其中 1 龄幼虫期，是药剂防治的最佳时期和关键时期。

（1）播种期土壤处理：整地时，每亩可选用 5% 涕灭威颗粒剂 3 ~ 6kg，或 3% 克百威颗粒剂 3 ~ 6kg，或 5% 丁硫克百威颗粒剂 4 ~ 6kg，或 15% 毒死蜱颗粒剂 1 ~ 1.5kg 等，拌细土 30 ~ 40kg，或均匀混于有机肥中，撒施于地面，然后犁地整地。播种时，每亩可选用 10% 二嗪磷颗粒剂 1 ~ 1.5kg，或 3% 甲基异柳磷颗粒剂 4 ~ 6kg，或 5% 丁硫克百威颗粒剂 3 ~ 5kg，或 3% 克百威颗粒剂 2 ~ 4kg，或 5% 甲拌磷颗粒剂 2 ~ 4kg，或 5% 涕灭威颗粒剂 2 ~ 4kg 等，混配细土 20 ~ 40kg，制成毒土，撒施于播种沟或穴内，然后覆土播种。也可选用 30% 毒・辛微囊悬浮剂 800 ~ 1 500mL，或 30% 毒死蜱微囊悬浮剂 400 ~ 800mL，或 30% 辛硫磷微囊悬浮剂 1 000 ~ 1 500mL，或 40%

三唑磷乳油 1 000 ～ 1 500mL 等，加细土或水 30 ～ 40kg，制成毒土或毒液，撒施或喷雾于种沟、种穴内，或进行 15 ～ 25cm 宽的混土带施药、覆膜。

（2）种子处理：播种前，按药种比，可选用 600g/L 吡虫啉微囊悬浮种衣剂 1∶（200 ～ 300），或 350g/L 克百威悬浮种衣剂 1∶（100 ～ 150），或 8% 氟虫腈悬浮种衣剂 1∶（40 ～ 80），或 15% 甲拌·多菌灵悬浮种衣剂 1∶（40 ～ 50）等包衣或拌种。或者按种子重量，可选用 0.3% ～ 0.6% 的 30% 噻虫嗪种子处理悬浮剂，或 0.2% ～ 0.3% 的 47% 丁硫克百威种子处理乳剂，或 2.8% ～ 4% 的 25% 甲·克悬浮种衣剂，或 2.5% ～ 4% 的 30% 毒·辛微囊悬浮剂等包衣或拌种。

（3）化学防治：生长期防治成虫（5 月中旬至 6 月上旬）及 1 龄幼虫（6 月中旬至 7 月上旬）：每亩可选用 3% 甲基异柳磷颗粒剂 4 ～ 6kg，或 15% 毒死蜱颗粒剂 1 ～ 1.5kg，或 2% 高效氯氰菊酯颗粒剂 2.5 ～ 3.5kg，或 3% 辛硫磷颗粒剂 5 ～ 8kg，或 5% 丁硫·毒死蜱颗粒剂 4 ～ 6kg 等，混配细土 20 ～ 40kg，制成毒土，顺垄撒施。或者每亩选用 40% 甲基异柳磷乳油 300 ～ 500mL，或 48% 毒死蜱乳油 250 ～ 500mL，或 40% 乐果乳油 400 ～ 600mL，或 50% 马拉硫磷乳油 300 ～ 600mL，或 30% 毒·辛微囊悬浮剂 400 ～ 800mL 等，拌细土 30 ～ 40kg，撒施田间；或者加水稀释 800 ～ 1 500 倍，喷洒花生茎基部及地表，使药液淋溶到根际，或者灌根，每穴喷淋浇灌药液 200 ～ 300mL。施药后浇水，或者抢在雨前施药，可提高防治效果。平畦栽培的地块，也可选用上述液体药剂，加适量水稀释后，在灌溉时顺水冲施，施药量比灌根要增加 1 ～ 2 倍。发生严重的田块，可在 7 ～ 10d 后，再防治 1 次。

四、蛴螬

分布与为害

蛴螬属昆虫纲鞘翅目金龟甲总科金龟甲幼虫的总称，又名白土蚕、核桃虫、地狗子等（图1），其中植食性蛴螬是一类世界性的农林牧业地下害虫，喜食植物地下的种子、幼根、块茎等。蛴螬成虫通称为金龟甲或金龟子（图2），别名瞎撞、金巴牛、金翅亮等，成虫多数种类需要补充营养，喜食植物的叶片、嫩芽和花器等（图3）。我国为害花生的蛴螬有50多种，以大黑鳃金龟甲、暗黑鳃金龟甲和铜绿丽金龟甲等为害最重（图4），其寄主广泛，除花生外，还有大豆、甘薯、小麦、玉米、蔬菜等多种农作物。大黑鳃金龟甲分布在除西藏

图1　蛴螬

图2　金龟甲

外的各省区；暗黑鳃金龟甲在各地均有分布，为长江流域及以北旱作地区的重要种类；铜绿丽金龟甲分布在除西藏、新疆外的各省区，以气候较湿润且林果木较多的地区发生严重，是黄淮海平原区的重要种类。

蛴螬为害花生，植株幼苗期咬食萌发的种子、幼茎、幼根（图5），断口整齐平截，造成幼苗枯死、断垄或毁种；果实膨大期蛀食荚果（图

图3 金龟甲取食叶片补充营养

图4 蛴螬田间为害状

图5 蛴螬为害幼根

图6 蛴螬蛀食荚果

图 7　蛴螬咬断主根

图 8　蛴螬为害造成空壳

图 9　蛴螬为害造成死棵

6）或咬断主根（图 7），造成烂果、空壳（图 8）或死棵（图 9）；所致伤口易被病菌侵入，诱发其他病害。成虫取食嫩叶、花器，将叶片咬成孔洞或缺刻，影响叶片光合作用致受害花畸形或死亡。一般发生田块，花生减产 10% ~ 30%（图 10），重者达 60% ~ 80%，甚至绝收（图 11）。

图 10　一般受害引起减产

图 11　严重受害引起绝收

形态特征

1. 大黑鳃金龟甲

（1）成虫：体长 16 ~ 22mm，宽 8 ~ 11mm，长椭圆形，初为红棕色，后变为黑色或黑褐色，有光泽（图 12）。触角 10 节，鳃片部 3 节，雌虫黄褐色，雄虫红褐色，约为上 6 节总长。鞘翅密布刻点，长度为前胸背板宽度的 2 倍，每侧有纵肋 4 条明显。前足胫节外侧有 3 齿，内侧有 1 距，与中齿相对，中、后足胫节末端一侧有 2 根端距。跗节 5 节，末节较长，末端有 1 对爪，每爪中部下方垂直生 1 锐齿。臀节外露，背板向腹下包卷，与腹板相

图 12　大黑鳃金龟甲成虫

会于腹面。雄虫前臀节腹板中央有一个三角形凹坑，雌虫末节隆起。

（2）卵：初为长椭圆形，长约 2.5mm，宽约 1.5mm，白色略带黄绿色光泽；孵化前增大，近圆球形，卵壳透明，洁白有光泽（图 13）。

图 13　大黑鳃金龟甲卵

（3）幼虫：共 3 龄。3 龄幼虫体长 35 ~ 45mm，头宽 4.9 ~ 5.3mm（图 14）。头部黄褐色至红褐色，具光泽。头部前顶刚毛每侧 3 根，其中冠缝侧 2 根，额缝上方近中部 1 根，后顶刚毛每侧 1 根，额中刚毛各 1 根，少数 2 根。肛腹板后覆毛区无刺毛列，只有钩状毛散乱排列。肛门孔 3 裂。

图 14　大黑鳃金龟甲幼虫

（4）蛹：裸蛹，长 21 ~ 23mm，宽 11 ~ 12mm。初为白色，后变黄褐色至红褐色，复眼由白色依次变为灰色、蓝色、蓝黑色至黑色。蛹体向腹面弯曲，尾节瘦长，端生 1 对尾角。

2. 暗黑鳃金龟甲

（1）成虫：体长 17 ~ 22mm，宽 8.0 ~ 11.5mm，长椭圆形，后方稍膨阔。初为红棕色，后变为栗褐红色、红褐色或暗黑色，以暗黑色

图 15　暗黑鳃金龟甲成虫体色变化大

较多（图 15）。体被淡蓝灰色粉状闪光薄层，光泽较暗淡。触角 10 节，鳃片部 3 节，短小。前胸背板前缘有成列的褐色长毛。鞘翅每侧纵肋 4 条可辨认，刻点粗大。前足胫节外侧有 3 齿，内侧有 1 距，后足跗节第 1 节明显长于第 2 节。腹部臀节背板不向腹面包卷，与肛腹板相会于腹末。雄虫臀节板后端尖削，雌虫浑圆。

图 16 暗黑鳃金龟甲幼虫

（2）卵：初为长椭圆形，长约 2.6mm，宽约 1.6mm，乳白色，不透明，卵壳表面光滑。孵化前椭圆形或球形，卵壳透明。

（3）幼虫：共 3 龄。3 龄幼虫体长 35 ～ 45mm，头宽 5.6 ～ 6.1mm（图 16）。头部黄褐色，无光泽。头部前顶刚毛每侧 1 根，位于冠缝旁，后顶刚毛每侧 1 根，额中刚毛各 1 根。肛腹板后覆毛区无刺毛列，只有钩状毛散乱排列。肛门孔 3 裂。

（4）蛹：裸蛹，长 19 ～ 25mm，宽 9 ～ 12mm，初为乳白色，后变为黄褐色，头部细小向下弯曲，复眼明显。腹部第 4、5 节和 5、6 节交界处的背面中央各有发音器 1 对，尾节呈三角形，2 个尾角成钝角岔开。

3. 铜绿丽金龟甲

（1）成虫：体长 18 ～ 21mm，宽 8.0 ～ 11.3mm，长卵圆形，背腹扁圆（图 17）。背面铜绿色，有金属光泽，其中头、前胸背板、小盾片色较浓，鞘翅色较淡，刻点细密，两侧有纵肋 3 ～ 4 条不明显，肩部有疣突。触角 9 节，黄褐色，鳃叶状。臀板三角形，黄褐色，基部有 1 个倒正三角形大黑斑，两侧各有 1 个小椭圆形黑斑。前足胫节外侧有 2 齿，内侧有 1 距较发达。足 2 爪大小不等，前、中足大爪端部分岔，后足大爪不分岔。雌虫腹面乳白色，末节为 1 条棕黄色横带，雄虫生殖孔前缘中央向前凹陷。

（2）卵：初为椭圆形，长约 1.8mm，宽约 1.4mm，乳白色，卵壳

图 17　铜绿丽金龟甲成虫

表面光滑；孵化前卵粒增大，呈圆球形，卵壳半透明。

（3）幼虫：共 3 龄。3 龄幼虫体长 30 ～ 33mm，头宽 4.9 ～ 5.3mm（图 18）。头黄褐色近圆形，头部前顶刚毛每侧 6 ～ 8 根，排成一纵列，后顶刚毛每侧 11 ～ 18 根，排列 4 个斜列。肛腹板后部覆毛区有长针状刺毛列，每侧 13 ～ 19 根，两列刺毛尖端大多彼此相遇或交叉，仅后端略岔开，刺毛列被钩状刚毛群包围，其前端不达刚毛群的前部边缘。肛门孔横列。

（4）蛹：裸蛹，长 18 ～ 25mm，宽 9.6 ～ 11mm，长椭圆形，初为浅白色，后变为淡褐色、黄褐色（图 19）。体稍弯曲，腹部背面有 6 对发音器，雄蛹臀节腹面有 4 个疣状突起，雌蛹较平坦，无疣状突起。

图 18　铜绿丽金龟甲幼虫

图 19　铜绿丽金龟甲蛹

发生规律

1. **大黑鳃金龟甲** 1 ~ 2 年发生 1 代，华南地区 1 年发生 1 代，其他地区 2 年发生 1 代，但部分个体可以 1 年完成 1 代，以成、幼虫在土中越冬。在华北地区，越冬成虫于 4 月中旬开始出土，成虫盛期为 5 月中下旬至 6 月中旬，5 月中下旬田间始见卵，产卵盛期为 6 月上旬至 7 月上旬，6 月上中旬开始孵化，卵孵盛期为 6 月下旬至 7 月中旬，7 ~ 9 月是当年生幼虫为害盛期。幼虫除极少数当年化蛹羽化、1 年完成 1 代外，大部分于 10 月中下旬下移越冬，至翌年 4 月中旬开始上移为害春苗，6 月初开始化蛹，6 月下旬进入化蛹盛期，7 月初开始羽化，7 月下旬至 8 月中旬为羽化盛期，羽化后成虫即在土中潜伏、越冬，直至第 3 年春天才出土活动。

成虫昼伏夜出，有假死性、趋粪性和暴食性，雄虫有趋光性，雌虫趋光性弱。多在 19 ~ 21 时出土活动，群集在灌木丛或杂草丛、农作物上取食、交尾，午夜后入土潜伏。交尾后 3 ~ 13d 产卵，卵多散产在花生根基周围疏松潮湿的土壤中，深度 3 ~ 12cm，以 5cm 最多（图 20）。雌虫寿命 30d 以上，单雌产卵 32 ~ 188 粒，平均 102 粒，卵期 13 ~ 22d。幼虫 1 ~ 2 龄历期各 25 ~ 30d，2 龄进入为害盛期，一般于 8 月底至 9 月下旬进入 3 龄，3 龄历期长约 300d，为害最重。老熟幼虫在土壤 20cm 深处筑土室化蛹，前蛹期 12 ~ 23d，蛹期 15 ~ 22d。

图 20　田间大黑鳃金龟甲卵

越冬成虫出土适宜日均气温 12.4 ~ 18℃、10cm 地温 14 ~ 22℃。

当气温 10℃以上、地温 14 ~ 15℃时开始出土，气温 15 ~ 16℃、地温 17℃以上时盛发；气温 21.7℃时田间始见卵，气温 24.3 ~ 27.0℃时为产卵盛期。在出土期内，干旱少雨、土壤板结，成虫出土日期和幼虫发生期延迟，出土高峰常在第一次透雨之后出现；成虫发生期，已出土成虫若遇风雨等不利天气条件，即重新入土潜伏，当风雨过后，常出现出土盛期。幼虫随地温变化在土层内上下移动，10cm 地温 18 ~ 24℃ 时为活动盛期，秋季低于 10℃时向下移动，低于 5℃时在 30 ~ 40cm 深土层越冬，翌年春季 5℃时开始活动，高于 10 ℃ 时向上移动，15.6 ℃ 时升至表层为害。土壤含水量 15% ~ 20% 最适幼虫发生，如遇降水或灌水，幼虫则暂停为害下移至土壤深处，土壤水分饱和时间延长，卵及低龄幼虫死亡率升高，为害减轻。大黑鳃金龟甲有隔年严重为害的“大小年”现象，以幼虫越冬为主的年份，翌年春季麦田和春播作物受害重，而夏秋作物受害轻；以成虫越冬为主的年份，翌年春季作物受害轻，夏秋作物受害重。

2. 暗黑鳃金龟甲 1 年发生 1 代，多数以 3 龄幼虫筑土室越冬，少数以成虫和低龄幼虫越冬。成虫越冬成为翌年 5 月出土的虫源。幼虫越冬翌年春季一般不为害，于 4 月下旬至 5 月初开始化蛹，化蛹盛期为 5 月中下旬，至 6 月上旬结束。6 月上旬开始羽化，成虫盛期为 6 月中旬至 8 月中旬，有 6 月下旬至 7 月上旬和 8 月中旬两个高峰期，至 8 月下旬结束。6 月中旬田间始见卵，产卵盛期为 7 月上中旬，8 月中旬结束。6 月下旬开始孵化，孵化盛期为 7 月中下旬，8 月孵化结束。8 月是幼虫为害盛期。3 龄幼虫 8 月中下旬盛发，9 月上中旬幼虫老熟，开始下移至 20 ~ 40cm 深土层内越冬。

蛹期 15 ~ 20d，成虫羽化后在土内蛰伏约 7d，等鞘翅硬化后出土活动。成虫昼伏夜出，多在 19 ~ 22 时出土活动，群集在灌木丛或农作物上交尾，然后飞向在榆、桑、杨等高大树木取食树叶，零时后开始入土潜伏。成虫有假死性、趋光性、暴食性和隔日出土的习性，表现为一天出土多一天出土少的“大小日”现象。产卵前期 15 ~ 20d，产卵期 32d，单雌产卵 23 ~ 316 粒，成虫寿命 27 ~ 61d，平均约 40d。卵多散产在花生穴周围 5 ~ 10cm 土层。卵期 8 ~ 13d，幼虫前期主要为害须根、果针，中后期主要为害幼果，每头幼虫可为害荚果 9 ～ 10 个。

暗黑鳃金龟甲属夏季发生型，越冬幼虫当 5cm 地温约 18.8℃时开始化蛹，约 21.1℃ 时进入化蛹盛期。成虫出土适宜气温 22 ～ 25℃，20 时气温在 23℃以上时，活动最烈。土壤含水量 15% ～ 20% 最适幼虫发生，低于 5% 或高于 20% 则不利于卵孵化和幼虫存活。幼虫喜食脂肪和蛋白质丰富的食物，花生、大豆田幼虫发育快、个体大，到 9 月幼虫多下移越冬，而玉米田幼虫发育慢，10 ～ 11 月还能继续为害小麦。

3. 铜绿丽金龟甲　1 年发生 1 代，多数以 3 龄、少数以 2 龄幼虫在土壤中越冬。越冬幼虫在春季 10cm 地温高于 6℃时开始活动。在黄淮流域花生产区，越冬幼虫在 3 ～ 5 月有短时间的为害，老熟幼虫于 5 月中旬至 6 月下旬化蛹，盛期为 5 月底，蛹于 5 月下旬开始羽化，盛期为 5 月底至 6 月中旬，成虫于 5 月下旬始现，活动盛期为 6 月中旬至 8 月中旬，产卵盛期为 6 月中旬至 7 月上旬，卵孵盛期为 6 月底至 7 月中旬。幼虫为害盛期为 7 月中旬至 9 月上旬，10 月中下旬开始下移越冬。在东北地区，春季幼虫为害期略迟，盛期在 5 月下旬至 6 月初。

成虫昼伏夜出，有趋光性、假死性和暴食性，羽化后蛰伏约 7d 出土，在寄主上交尾、产卵，20 ～ 23 时活动最盛。成虫寿命 25 ～ 30d，产卵前期约 10d，平均单雌产卵约 42 粒，卵散产于根系附近 5 ～ 10cm 土中，5 ～ 10 粒相互靠近，呈核心分布。卵期 7 ～ 13d，幼虫期 313 ～ 333d，其中 1 龄约 25d，2 龄约 23d，3 龄历期最长、食量最大、为害最重。秋季 10cm 地温低于 10℃时，幼虫开始下移至 20 ～ 50cm 土层越冬。老熟幼虫多在 5 ～ 10cm 土层做室化蛹，预蛹期约 12 d，蛹期 7 ～ 11d。

成虫活动和卵孵化适温为 25℃以上、相对湿度 70% ～ 80%。闷热无雨夜间活动盛，20 时气温 23℃以上活动最盛，当低温与降水时，成虫很少活动。5 ～ 6 月雨量充沛，成虫羽化出土较早，盛发期提前。成虫发生期较整齐，在雨后多形成出土高峰。一般南方的发生期比北方早约 30d。

在黄淮海流域花生产区，春花生于4月中旬至5月中旬播种，大黑鳃金龟甲幼虫开始为害时，正值春花生下针结荚期、夏花生团棵期，暗黑鳃金龟和铜绿丽金龟幼虫开始为害时，春花生进入结荚成熟期，夏花生正值开花下针期，夏花生与晚播的春花生受害时间长、受害重。花生长势好、枝叶茂盛的田块落卵量大；砾质黏壤土的花生田发生严重；靠近树木、玉米的花生田蛴螬发生较多。

防治措施

1. 农业防治 花生与禾本科作物轮作，实行水旱轮作。深秋或初冬季节，土壤深耕多耙，机械杀伤、冻死或让天敌捕食越冬幼虫。结合耕作管理，人工捡拾幼虫、捕捉成虫，集中消灭。合理施肥，不施未腐熟的有机肥，施用能散发出氨气的碳酸氢铵、腐殖酸铵、氨化过磷酸钙等，可一定量地熏杀蛴螬、驱避成虫产卵。花生生长期合理灌溉，促使蛴螬向土层深处转移，避开幼苗最易受害时期。在地边田埂种植蓖麻，毒杀取食的成虫。

2. 物理防治 成虫发生期，使用频振式杀虫灯、黑光灯等诱杀成虫，连片规模设置效果更好。每30～50亩安装灯1盏，悬挂高度1.5～2m，一般5月中旬至8月底，每天19时至次日4时开灯。

3. 生物防治 蛴螬的捕食性天敌有土蜂、食虫虻等，病原微生物有白僵菌、绿僵菌、苏云金杆菌等，注意保护利用自然天敌的控制作用。利用生物制剂防治，每亩可用150亿个孢子/g球孢白僵菌可湿性粉剂250～300g，或10亿孢子/g金龟子绿僵菌CQMa128微粒剂3 000～5 000g等，于花生下针期拌毒土撒施，然后中耕或浇水，使药剂渗入土中。

4. 化学防治 6月底至7月下旬为金龟子卵孵化盛期和低龄幼虫期，是防治蛴螬的有利时期。花生田蛴螬达到1 000头/亩，或幼虫1～2头/m^2，或卵3～5粒/m^2，必须及时防治，可兼治金针虫和蝼蛄等地下害虫。

（1）种子处理：播种前，按药种比，可选用50%丙硫克百威种子处理乳剂 1:（800 ~ 1 000），或 30% 辛硫磷微囊悬浮剂 1:（50 ~ 60），或 42% 吡虫·氟虫腈悬浮种衣剂 1:（280 ~ 350），或 20% 甲·克悬浮种衣剂 1:（20 ~ 25），或 18% 氟腈·毒死蜱悬浮种衣剂 1:（50 ~ 100）等包衣或拌种。按种子重量，可选用 0.3% ~ 0.5% 的 600g/L 吡虫啉悬浮种衣剂，或 1.25% ~ 2.5% 的 8% 氟虫腈悬浮种衣剂，或 2% ~ 2.5% 的 10% 克百威悬浮种衣剂，或 2.5% ~ 3% 的 30% 毒死蜱微囊悬浮剂，或 0.4% ~ 0.8% 的 25% 噻虫·咯·霜灵悬浮种衣剂等种子包衣或拌种。

（2）种穴处理：播种时，每亩可选用 10% 二嗪磷颗粒剂 1 000 ~ 1 500g，或 3% 甲基异柳磷颗粒剂 4 000 ~ 6 000g，或 3% 克百威颗粒剂 2 000 ~ 4 000g，或 30% 毒死蜱微囊悬浮剂 400 ~ 600mL 等，拌适量细土撒施在播种沟或穴内。

（3）防治幼虫：开花下针期或卵孵化至低龄幼虫盛期，每亩可选用 15% 毒死蜱颗粒剂 1 000 ~ 1 500g，或 2% 高效氯氰菊酯颗粒剂 2 500 ~ 3 500g，或 5% 丁硫克百威颗粒剂 3 000 ~ 5 000g，或 5% 辛硫磷颗粒剂 4 000 ~ 5 000g，或 3% 阿维·吡虫啉颗粒剂 1 500 ~ 2 000g 等，撒施花生根际并浅锄入土。也可选用 30% 毒·辛微囊悬浮剂 1 000 ~ 1 500mL，或 30% 辛硫磷微囊悬浮剂 1 000 ~ 1 500mL，或 40% 甲基异柳磷乳油 300 ~ 600mL，或 48% 毒死蜱乳油 300 ~ 600mL，或 48% 噻虫啉悬浮剂 60 ~ 80mL 等，拌毒土撒施或灌根，施药后浇水或抢在雨前施药。也可选用上述液体药剂在灌溉时顺水冲施，但用药量比灌根要增加 1 ~ 2 倍。发生严重的田块，可在 7 ~ 10d 后，再防治 1 次。

（4）防治成虫：成虫发生期，对花生田边的榆树、桑树、杨树等金龟子喜欢取食的植物，可选用 4.5% 高效氯氰菊酯乳油，或 20% 甲氰菊酯乳油，或 40% 灭多威可溶性粉剂，或 40% 毒死蜱乳油，或 20% 氰戊·马拉松乳油，或 30% 毒·辛微囊悬浮剂等 1 000 ~ 2 000 倍液喷雾，或在 1.5m 高树干上刮去粗皮涂 40% 氧化乐果乳油 1 倍液，或傍晚在花生田间扦插浸蘸过上述药剂 30 ~ 50 倍液的榆树、杨树等新鲜枝条，每亩 10 ~ 20 枝，诱杀成虫。

五、金针虫

分布与为害

金针虫属昆虫纲鞘翅目叩头甲科昆虫幼虫的统称，又称叩头虫、土蚰蜒、芨芨虫、钢丝虫、蜣虫等，是一类世界性的地下害虫。我国主要有沟金针虫、细胸金针虫和褐纹金针虫等。沟金针虫主要分布在长江流域以北、辽宁以南、甘肃以东的广大地区；细胸金针虫分布在北起黑龙江、内蒙古、新疆，南至福建、广西、云南的广大地区，以淮河以北的东北、华北和西北各省区发生较多；褐纹金针虫主要分布在河北、河南、山西、陕西、甘肃、湖北、广西、云南等地。

金针虫属于多食性地下害虫，寄主有各种农作物、林果及花卉等，幼虫生活在土中，取食植物的地下幼嫩部分。成虫在地上部活动时间不长，只取食一些禾本科和豆科作物的嫩叶，为害不严重。金针虫为害花生，取食刚播种下的花生种子、幼芽、地下茎、根系，被害部位不整齐，呈丝状，导致种子不能发芽、幼苗枯萎死亡，严重的造成缺苗断垄，甚至全田毁种；花生结荚后，钻蛀花生荚果（图 1），造成减产（图 2）。所致伤口易被病菌侵入，加重果腐病等发生为害（图 3）。

图 1　金针虫为害状

图 2 金针虫钻蛀的荚果

图 3 金针虫为害诱发果腐病

形态特征

1. 沟金针虫

（1）成虫：栗褐色，无光泽，密生刻点，密被金黄色细毛。头部扁平，头顶呈三角形凹陷。前胸背板前狭后宽，宽大于长，后缘角突出外方。雌虫体扁平（图 4），体长 14 ~ 17mm，宽 4 ~ 5mm；触角 11 节，黑色，锯齿状，长约为前胸的 2 倍；前胸背板发达，呈半球状隆起，中央有微细纵沟；鞘翅长约为前胸的 4 倍，其上纵沟不明显，后翅退化。雄虫体狭长，体长 14 ~ 18mm，宽约 3.5mm；触角 12 节，丝状，长达鞘翅末端；鞘翅长约为前胸的 5 倍，其上纵沟明显，有后翅；足细长。

图 4　沟金针虫雌成虫

（2）卵：近椭圆形，长约 0.7mm，宽约 0.6mm，乳白色。

（3）幼虫：老熟幼虫金黄色，宽而扁平，头部和尾节暗褐色（图 5）。

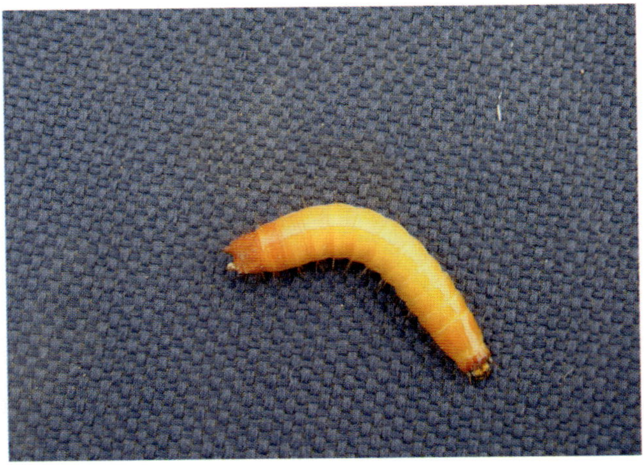

图 5　沟金针虫幼虫

体长 20 ~ 30mm，宽 4 ~ 5mm。各体节宽大于长，从头部至第 9 腹节渐宽。体壁坚硬而光滑，有黄色细毛，尤以两侧较密。头扁平，上唇三叉状突起，胸、腹部背面中央有 1 条细纵沟。尾节背面有近圆形凹陷，并密布较粗刻点，两侧缘隆起，有 3 对锯齿状突起，尾端分叉，并稍向上弯曲，两叉内侧各有 1 小齿。腹面布满长刚毛，肛支柱与背面有一明显的皱痕分开。肛支柱基部有 2 条明显的横纹，基部有一圈小刚毛（图 6）。

（4）蛹：裸蛹，纺锤形，末端瘦削，有刺状突起。初淡绿色，后变褐色。雌蛹长 16 ~ 22mm，宽约 4.5mm，触角长至后胸后缘；雄蛹体长 15 ~ 17mm，宽约 3.5mm，触角长达第七腹节（图 7）。

2. 细胸金针虫

图 6 沟金针虫幼虫（腹面）

图 7 沟金针虫雄蛹

（1）成虫：体长 8 ~ 9mm，宽约 2.5mm。体细长，暗褐色，有光泽，密生灰色短毛（图 8）。触角细短，红褐色，第 2 节球形。前胸背板略呈圆形，长大于宽，后缘角尖锐伸向后方。鞘翅长约为头胸部的 2 倍，末端趋尖，上有 9 条纵列刻点。足赤褐色。

（2）卵：圆形，直径

图 8 细胸金针虫成虫

0.5 ~ 1.0mm，乳白色。

（3）幼虫：老熟幼虫淡黄色，体长约 32mm，宽约 1.5mm，细长圆筒形，有光泽（图 9）。头部扁平，口器深褐色。第 1 ~ 8 腹节略等长，各节长大于宽。尾节圆锥形，背面近前缘两侧各有 1 个褐色圆斑和 4 条褐色纵纹。

（4）蛹：裸蛹，长纺锤形，体长 8 ~ 9mm。初乳白色（图 10），后逐渐加深变黄色（图 11）。羽化前复眼黑色，口器淡褐色，翅芽灰黑色。尾节末端有 1 对短锥状刺，向后呈钝角岔开。

图 9　细胸金针虫幼虫

图 10　细胸金针虫蛹初为乳白色

图 11　细胸金针虫蛹体色变黄色

3. 褐纹金针虫

（1）成虫：体长 8 ~ 10mm，宽约 2.7mm。体细长，黑褐色，有灰色短毛。头部黑色，向前凸，密生刻点；触角暗褐色，第 2、3 节近球形，第 4 节较第 2 ~ 3 节长，第 4 ~ 10 节锯齿状。前胸背板黑色，刻点较头部小，后缘角尖向后突。鞘翅狭长，为胸部的 2.5 倍，黑褐色，上有 9 条纵列刻点。腹部暗红色，足暗褐色。

（2）卵：初产时椭圆形，长宽约 0.6mm × 0.4 mm，白色微黄，孵化前长卵圆形，一端略尖，长宽约 3mm × 2mm。

（3）幼虫：共 7 龄。老熟幼虫棕褐色，有光泽，细长圆筒形，体长 25 ~ 30mm，宽 1.7 ~ 2.3mm（图 12）。第 1 胸节、第 9 腹节红褐色。头梯形扁平，上有纵沟和小刻点。第 2 胸节到第 8 腹节体背中央有细纵沟和微细刻点，第 1 胸节长，略小于另两胸节长度之和，第 2 胸节至第 8 腹节的前缘两侧，均有深褐色新月形斑纹。第 9 腹节长、扁平且尖，骨化程度高，背面前缘有半月形斑 2 个，前部有纵纹 4 条，后半部有皱纹且密生粗大刻点，末端有 3 个小突起，略上翘。肛支柱基部有 2 条明显的横沟，肛支柱基节基部有一圈刚毛（图 13）。

（4）蛹：裸蛹，长纺锤形，体长 9 ~ 12mm。初乳白色，后变黄色，羽化前棕黄色。前胸背板前缘两侧各斜竖 1 根尖刺。尾节末端具有 1 根粗大臀棘，着生有斜伸的两对小刺。

图 12　褐纹金针虫幼虫

图 13　褐纹金针虫幼虫尾节（腹面）

发生规律

1. 沟金针虫 一般3年发生1代，少数2年或4～6年发生1代，以幼虫、成虫在土中越冬，世代重叠严重。在陕西、北京等地，越冬成虫于3月上旬开始出土，3月中旬至5月中旬为活动盛期。3月下旬至6月上旬为产卵期，5月上中旬为卵孵盛期。幼虫孵化为害至6月底下移越夏，9月中下旬又上升到表土层活动，为害至11月上中旬，11月下旬开始在土壤深层越冬。翌年3月初，越冬幼虫开始新的为害，随后越夏、秋季为害、越冬。直到第3年8月下旬幼虫老熟化蛹，成虫于9月上中旬羽化，当年不出土，仍在原土室中越冬，第4年春才出土活动。3月下旬至5月上旬、9月下旬至10月下旬为幼虫的为害盛期。在河南南部，越冬成虫2月下旬即开始活动，盛期3月中旬至4月中旬，幼虫为害盛期3月下旬至4月下旬，秋季为害较轻。

越冬成虫在10cm地温约10℃时开始出土，10～15℃时达到活动高峰。成虫昼伏夜出，白天潜伏在表土、杂草或土块下，夜间出土交配产卵。雄虫不取食，善飞翔，有趋光性，交配后3～5d即死亡；雌虫咬食少量叶片，有假死性，无趋光性，行动迟缓，不能飞翔，只在地表或作物上爬行，一般多在原地交尾产卵，卵散产在土层3～7cm深处，单雌产卵32～166粒，平均约94粒，雌虫寿命约220d，卵期33～59d，平均约42d。初孵幼虫长约2mm，受土壤水分、食料等环境条件影响，田间幼虫发育很不整齐，在食料充足时，当年可长至15mm以上。幼虫活动适宜土壤湿度15%～25%，随地温和土湿变化上下移动为害，平均10cm地温，春季上升到6.7℃时开始活动，9.2℃时开始为害，15.1～16.6℃时为害最盛，19.1～23.3℃时幼虫渐趋13～17cm土层栖息，28℃以上时下移至深土层越夏，秋季降至17.8℃时开始到表土层为害、6.0℃时开始下移越冬，1.5℃时多在27～33cm土层越冬。幼虫期长达2年半以上，蜕皮10～15次（图14），老熟幼虫在15～20cm土层做土室化蛹，蛹期12～20d，平均16d。

沟金针虫适生于干旱地，以旱作区有机质较贫乏、土质疏松的粉沙壤土和粉沙黏壤土地发生较重。早春多雨、土壤湿润，对其发生有

图 14　沟金针虫蜕皮及隐藏孔

利，但如春季雨水偏多，表土过湿，幼虫向下移动，停止为害，对成虫活动也不利。干旱年份，土表水分缺乏，不利于其活动。间作、套作，土壤翻耕少，对金针虫发生有利。由于沟金针虫雌成虫活动能力弱，扩散为害受限，因此高密度地块一次防治后，在短期内种群密度不易回升。

2. **细胸金针虫**　在河北、陕西、河南等地大多 2 年发生 1 代，甘肃武威、内蒙古、东北一带大多 3 年发生 1 代，以成虫、幼虫在 20 ~ 50cm 土中越冬。在陕西，3 月上中旬越冬成虫开始出土活动，4 月中下旬活动盛期，6 月中旬为末期。4 月下旬开始产卵，5 月上中旬为产卵盛期。5 月中旬卵开始孵化，5 月下旬至 6 月上中旬为孵化盛期。幼虫孵化后即取食为害，5 月中下旬为害最烈，7 月上中旬下移至土壤深处越夏，9 月中下旬上移为害，12 月下旬下移至深土层越冬，翌年 2 月中旬越冬幼虫即开始上升到表土层为害。6 月下旬老熟幼虫化蛹，7 月中下旬为化蛹盛期。8 月为羽化盛期，成虫羽化后即在土室内蛰伏越冬，至第 3 年春季出土活动。在甘肃武威等地 3 年 1 代区，蛹期、成虫期都较 2 年 1 代区提前约 1 个月，当年羽化的成虫即出土活动，但 8 月下旬后羽化的少数成虫，在越冬后翌年 4 ~ 5 月活动。幼虫为害盛期为 3 ~ 5 月、9 ~ 10 月。

越冬成虫于 10cm 地温平均 7.6 ~ 11.6℃、气温 5.3℃时开始出土活动，地温 15.6℃、气温约 13℃时为活动盛期。成虫昼伏夜出，有假死性和强叩头弹跳能力，趋光性弱，对新鲜而略萎蔫的杂草及作物枯枝落叶等腐烂发酵气味有极强的趋性，常群集于草堆下。成虫出土活动时间约 75d，产卵前期约 40d，产卵期 39 ~ 47d。单雌产卵 16 ~ 74 粒，多为 30 ~ 40 粒。卵多散产于 0 ~ 3cm 表土层内。卵期 14 ~ 36d。幼虫活泼，有自残习性，活动适宜温度较低、土壤湿度 20% ~ 25%，春季为害早，秋后入蛰迟，为害期较长。幼虫随地温变化上下移动为害，平均 10cm 地温，春季上升到 4.8℃开始活动，7 ~ 13℃时为害最盛，超过 17℃时下移至土壤深处越夏，秋季降至 14℃时上移为害，地温降至 3.5℃、气温降至 1.3℃时，下移至 15 ~ 50cm 土层越冬。幼虫期 405 ~ 958d，老熟幼虫在 15 ~ 30cm 深处做土室化蛹，预蛹期 4 ~ 11d，蛹期 8 ~ 22d。

细胸金针虫喜低温潮湿和微酸性的土壤环境，以水浇地、较湿的低洼地、河流沿岸的淤地、有机质较多的黏土地带为害较重。在滨湖和低洼地区洪水过后，受害特重，短期浸水对其为害有利。

3. 褐纹金针虫 在陕西 3 年发生 1 代，以成、幼虫在土中越冬。5 月上旬，当旬均 10cm 地温 17℃、气温 16.7℃时，越冬成虫开始出土，地温升至 20℃、气温 18℃、相对湿度约 60% 时，大量出土活动。成虫活动期 5 ~ 6 月，盛期 5 月中旬至 6 月上旬。产卵期 5 月下旬至 6 月下旬，卵盛期 6 月上中旬。幼虫在春、秋两季为害最盛。4 月上中旬，旬均 10cm 地温 9.1 ~ 12.1℃时，幼虫开始上移为害，为害盛期 4 月下旬至 5 月下旬。6 ~ 8 月，幼虫下移深土层越夏。9 月上中旬，地温降至 16 ~ 18℃时，幼虫又上移为害。10 月下旬，地温约 8℃时，幼虫开始下移越冬。幼虫越冬 2 次，当年卵孵幼虫以 3 ~ 4 龄越冬，翌年以 5 ~ 7 龄幼虫越冬，第 3 年 7 ~ 8 月幼虫老熟化蛹，成虫羽化后即在土中越冬，第 4 年春才出土活动。

成虫昼出夜伏，14 ~ 16 时活动最盛，多在植株上部叶片上停留，夜间多潜入 10cm 深土层内或隐藏在土块、枯草下、土缝里或叶背等处，有假死性和强叩头弹跳能力。成虫喜温湿环境，下午活动最盛，适宜温度 20 ~ 27℃、相对湿度 52% ~ 90%。成虫寿命 250 ~ 300d，平均约 288d，卵散产在植株根际 10cm 深的土层内，卵期 16d。幼虫多在

20cm 以下土层越夏、40cm 以下土层越冬，老熟幼虫在 20 ~ 30cm 深处做土室化蛹，蛹期 14 ~ 28d，平均 17d。

褐纹金针虫以水浇地、有机质丰富、土质疏松的地块发生较多。成虫发生期，日降水量在 4mm 以上或有连日降水，对其发生很有利；在干旱情况下若遇降水，会导致成虫数量突增，发生盛期和高峰期出现在降水后 1 ~ 2d；若遇干旱，发生期缩短，发生量降低；若温度偏低，则出土始期推迟。

防治措施

1. 农业防治 提倡花生与棉花、芝麻、油菜、麻类等直根系作物轮作，水旱轮作效果更佳。在深秋或初冬翻耕土地，实行精耕细作，做好翻耕晾晒。加强田间管理，施腐熟的有机肥料，合理灌水，在金针虫春季开始为害时浇水，迫使害虫向土层深处转移，清除田间杂草，减轻为害。

2. 物理防治 利用沟金针虫雄成虫的趋光性，于成虫发生期，使用频振式杀虫灯、黑光灯等诱杀。

3. 生物防治 金针虫天敌有蜘蛛、鸟雀、真菌等，注意保护利用自然天敌（图 15）。利用细胸金针虫成虫对杂草的趋性，于成虫发生期，在田间畦埂周边，堆集 10 ~ 15cm 厚的新鲜略萎蔫的酸模、夏至草等

图 15 沟金针虫幼虫被天敌寄生

杂草堆，每亩 40 ~ 50 小堆，在草堆内撒入触杀性药剂，诱杀成虫。

4. 化学防治 花生田金针虫达到 1 000 头 / 亩或 1.5 头 /m^2 时，需要采取化学防治措施，可兼治蛴螬和蝼蛄等地下害虫。

（1）种子处理：播种前，按种子重量，可选用 0.3% ~ 0.4% 的 600g/L 吡虫啉悬浮种衣剂，或 2% ~ 4% 的 5% 氟虫腈悬浮种衣剂，或 0.1% ~ 0.13% 的 50% 丙硫克百威种子处理乳剂，或 4% ~ 5% 的 20% 甲・克悬浮种衣剂等包衣或拌种。按药种比，可选用 47% 丁硫克百威种子处理乳剂 1:（250 ~ 350），或 20% 吡虫・氟虫腈悬浮种衣剂 1:（60 ~ 100），或 38% 多・福・克悬浮种衣剂药种比 1:（60 ~ 80），或 20% 克百・多菌灵悬浮种衣剂 1:（30 ~ 40）等种子包衣或拌种。

（2）种穴处理：播种时，每亩可选用 15% 毒死蜱颗粒剂 1 000 ~ 1 500g，或 10% 二嗪磷颗粒剂 1 000 ~ 1 500g，或 5% 辛硫磷颗粒剂 4 000 ~ 5 000g，或 3% 甲基异柳磷颗粒剂 4 000 ~ 6 000g，或 3% 克百威颗粒剂 2 000 ~ 4 000g，或 25% 吡虫・毒死蜱微囊悬浮剂 550 ~ 600mL 等，拌毒土等沟施或穴施。

（3）土壤处理：成虫活动和幼虫为害期，每亩可选用 5% 丁硫克百威颗粒剂 3 000 ~ 5 000g，或 3% 辛硫磷颗粒剂 6 000 ~ 8 000g，或 2% 高效氯氰菊酯颗粒剂 2 500 ~ 3 500g，或 3% 阿维・吡虫啉颗粒剂 1 500 ~ 2 000g 等，撒施花生根际。或者选用 30% 毒・辛微囊悬浮剂 1 000 ~ 1 500mL，或 30% 毒死蜱微囊悬浮剂 500 ~ 750mL，或 30% 辛硫磷微囊悬浮剂 1 000 ~ 1 500mL，或 40% 甲基异柳磷乳油 300 ~ 500mL 等，拌毒土撒施花生根际，施药后浅锄入土。也可选用 20% 丁硫克百威乳油 1 500 倍液，或 50% 马拉硫磷乳油 1 000 倍液，或 40% 乐果乳油 1 000 倍液，或 90% 敌百虫晶体 800 倍液，或 30% 毒・辛微囊悬浮剂 1 000 ~ 1 500 倍液等灌根，施药后浇水或抢在雨前施药，效果更佳。也可选用上述液体药剂在灌溉时顺水冲施，但用药量比灌根要增加 1 ~ 2 倍。发生严重的田块，可在 7 ~ 10d 后再防治 1 次。

六、蝼蛄

分布与为害

蝼蛄属昆虫纲直翅目蝼蛄科，又称蝲蛄、拉拉蛄、地拉蛄、土狗子等，是最活跃的地下害虫，在世界各地分布广泛。我国主要有华北蝼蛄、东方蝼蛄、普通蝼蛄、台湾蝼蛄等，其中华北蝼蛄和东方蝼蛄是为害花生的主要种类。华北蝼蛄主要分布于北纬32°以北地区，尤以华北、西北地区干旱贫瘠的山坡地、盐碱地、沙壤土区为害严重。东方蝼蛄在全国各地均有分布，在华中、华南一带为害较重。黄河沿岸和华北部分地区常是两者混发区，但以华北蝼蛄为主。蝼蛄寄主广泛，成、若虫均可为害多种农作物。

蝼蛄为害花生，主要在幼苗期，特别喜食刚发芽的种子，咬食幼根和嫩茎，受害的根部呈乱麻状或丝状；蝼蛄在地下活动，将表土钻成许多隧道（图1），使苗土分离、根部透风，种子不能发芽，幼苗生长不良或枯死，造成严重的缺苗断垄。

图1 蝼蛄隧道

形态特征

1. 华北蝼蛄

（1）成虫：体粗壮肥大，雌虫体长 45 ~ 66mm，雄虫体长 39 ~ 45mm，前胸宽 7 ~ 11mm（图 2）。体黑褐色，密被细毛，腹部近圆筒形。前胸背板中央有 1 个不明显的暗红色心形凹陷斑。前翅长 14 ~ 16mm，覆盖腹部不到一半；后翅长 30 ~ 35mm，纵卷成筒形附于前翅之下，伸出腹部末端。前足为开掘足，腿节下缘呈“S”形弯曲，后足胫节内上方有刺 1 ~ 2 根或消失。

图 2　华北蝼蛄成虫

（2）卵：椭圆形，初产时为透亮乳白色或无色，有光泽，长 1.6 ~ 1.8mm，宽 1.3 ~ 1.4mm，孵化前变为黄白色、黄褐色，长 2.4 ~ 3.0mm，宽 1.5 ~ 1.7mm（图 3）。

（3）若虫：共 13 龄。初龄若虫体长 3.6 ~ 4.0mm，末龄若虫体长 36 ~ 40mm。初孵若虫头、胸极细，腹部肥大，全身乳白色，复眼淡红色，以后颜色逐渐加深，5 ~ 6 龄后与成虫相似，仅翅尚未发育完全。

图 3　华北蝼蛄卵

2. 东方蝼蛄

（1）成虫：体较细瘦短小，雌虫体长 31 ~ 35mm，雄虫体长 30 ~ 32mm，前胸宽 6 ~ 8mm（图 4）。体黄褐色，密被细毛，腹部近纺锤形。前胸背板卵圆形，中央有 1 个明显的暗红色长心形凹陷斑，长 4 ~ 5mm。前翅能覆盖腹部的一半；后翅蜷缩折叠于前翅下，伸出腹部末端。前足为开掘足，腿节下缘平直，后足胫节内上方有等距离排列的刺 3 ~ 4 根或更多。

（2）卵：长椭圆形，初产时长 1.5 ~ 3.0mm，乳白色，有光泽，渐变为黄褐色，孵化前呈暗紫色，长约 4mm，宽约 3.2mm。

（3）若虫：共 8 ~ 9 龄。初龄若虫体长约 4mm，末龄体长约 25mm。初孵若虫头、胸极细，腹部肥大，全身乳白色，复眼淡红色，腹部红色或棕色，后头、胸、足渐变为灰褐色，腹部淡黄色，2 ~ 3 龄后与成虫相似，仅翅尚未发育完全（图 5）。

图 4 东方蝼蛄成虫

图 5 东方蝼蛄若虫

发生规律

1. 华北蝼蛄 约 3 年完成 1 代，以 8 龄以上若虫或成虫在 60 ~ 120cm 的土中越冬。在黄淮海地区，3 月中下旬越冬成虫开始活动，4 ~ 5 月为为害盛期。5 月开始出窝转移、交尾，6 月上中旬开始在土下 15 ~ 25cm 处做土室产卵，6 月下旬至 7 月中旬为产卵盛期，8 月为产卵末期。7 月初卵孵化，初孵若虫有群集性，3 龄后分散为害，到秋季以 8 ~ 9 龄若虫越冬。在翌年 4 月上中旬，越冬若虫开始活动，到秋季 12 ～ 13 龄时又越冬。第 3 年春天越冬若虫又开始活动，8 月以后老熟若虫羽化为成虫，当年不交尾，为害一段时间后即以成虫越冬。

卵多集中产在轻盐碱地内植被覆盖少、干燥向阳的地埂、畦堰、路边附近或松软的油渍状土壤中，在干旱地区，多集中在水沟两旁、过水道和雨后积水处。适宜产卵土壤 pH 值 7 ～ 7.5，10 ～ 15cm 深处土壤湿度约 18%。产卵前先做卵窝，呈螺旋形向下分为 3 室，卵产在中间的椭圆形室内，距地表 9 ～ 25cm，雌虫在下室栖息。单雌产卵 288 ～ 368 粒，多达上千粒。完成 1 代平均 1 131d，其中成虫期 278 ～ 451d，卵期 11 ～ 23d，若虫期 692 ～ 817d。

2. 东方蝼蛄　在华北、东北、西北地区约 2 年发生 1 代，在华中、华南地区 1 年发生 1 代，以成虫或若虫在土中越冬。在黄淮地区，越冬成虫于 3 ～ 4 月开始活动，5 月上旬至 6 月中旬最活跃，4 ～ 5 月开始产卵，盛期为 6 ～ 7 月，当年孵化的若虫发育至 4 ～ 7 龄后，在 25 ～ 60 cm 深土中越冬。翌年春季恢复活动，为害至 8 月开始羽化为成虫。当年羽化的成虫少数可产卵，大部分越冬后，至第 3 年才产卵。若虫期长达 400 余天，成虫寿命 240 ～ 365d。在华中地区，越冬成虫于 5 ～ 6 月交尾、产卵；越冬若虫 5 ～ 6 月羽化为成虫，7 ～ 8 月交尾、产卵。当年若虫经约 4 个月羽化为成虫越冬，发育迟缓的以 5 ～ 9 龄若虫越冬。若虫历期 130 ～ 335d，成虫寿命 114 ～ 251d。

卵多集中产在潮湿的河岸边、池塘和沟渠附近腐殖质较多的地方，适于产卵的土壤 pH 值 6.8 ～ 8.1、10 ～ 15cm 深、土壤湿度约 22%。产卵前先在 5 ～ 20cm 深处做窝，窝中仅有 1 个长椭圆形卵室，雌虫在卵室周围约 30cm 处另做窝隐蔽。单雌产卵 8 ～ 182 粒，多达 300 ～ 500 粒，平均 60 ～ 80 粒，卵期 21 ～ 28d。若虫在孵化 3 ～ 6d 后分散为害。

华北蝼蛄和东方蝼蛄有趋光性，并对香甜物质气味有趋性，特别嗜食煮至半熟的谷子、棉籽及炒香的豆饼、麦麸等，对马粪、有机肥等未腐烂有机物也有趋性。成虫和若虫均昼伏夜出，以 21 时至次日 3 时活动最盛，特别在气温高、湿度大、闷热的夜晚，大量出土活动，常在降水和灌溉后 2 ～ 3d 的夜晚出现活动高峰。一年中均有 2 次在土中上升和下移过程，出现 4 ~ 5 月、9 ~ 10 月 2 个为害盛期。一般当春季气温升到 8℃时开始活动，秋季气温低于 8℃时则停止活动，早春或晚秋因气候凉爽，仅在表土层活动，夏季、冬季温度过高和过低时，则潜入深土层。初孵若虫先食土壤中的腐殖质，行动迟缓，有群集性。当气温 12.5 ~ 19.8℃、20cm 地温 15.2 ~ 19.9℃、20cm 土层含水量 22% ~ 27% 时，最适宜于蝼蛄活动。

蝼蛄成、若虫均喜松软潮湿的壤土或沙壤土，喜欢栖息在河岸渠旁、菜园地及轻度盐碱潮湿地。土质疏松的盐碱地虫口密度大，沙壤土较黏土地发生重。土壤温暖湿润、腐殖质多、施用未腐熟有机肥料的地块，为害严重。水浇地重于旱地，靠近村庄的地块重于远离村庄的地块。

防治措施

1. 农业防治 春、秋季适时深翻土壤、精耕细作。合理施肥，施用的农家肥要充分腐熟。实行合理轮作，改良盐碱地，有条件的地区实行水旱轮作。

2. 物理防治 成虫盛发期，在田边或村庄使用频振式杀虫灯、黑光灯进行诱杀。诱杀雌虫多于雄虫，因华北蝼蛄体型大、飞翔力弱，常落于灯下周围地面，灯下的诱杀效果不如东方蝼蛄。结合田间操作，对新鲜的蝼蛄隧道，采用人工挖洞捕杀虫与卵。

3. 生物防治 利用蝼蛄的趋化性，成虫发生期，可在田间间隔约 20m 挖 1 个深约 20cm 的小坑，内堆湿润马粪并盖草，次日清晨集中捕杀坑内蝼蛄，结合毒饵效果更好。

4. 化学防治 田间蝼蛄密度达到 200 头 / 亩或 0.3 头 /m^2 时，应及时采取防治措施，可兼治蛴螬和金针虫、蟋蟀等害虫。

（1）种子处理：按种子重量，可选用 0.3% ~ 0.4% 的 47% 丁硫克百威种子处理乳剂，或 0.2% ~ 0.3% 的 50% 二嗪磷乳油，或 2% ~ 3% 的 10% 克百威悬浮种衣剂等包衣或拌种。按药种比，可选用 3% 辛硫磷水乳种衣剂 1∶（30 ~ 40），或 20% 甲·克悬浮种衣剂 1∶（20 ~ 25），或 35% 多·福·克悬浮种衣剂 1∶（50 ~ 60）等包衣或拌种。

（2）土壤处理：播种期，每亩可选用10%二嗪磷颗粒剂1 000～1 500g，或3%克百威颗粒剂2 000～4 000g，或3%辛硫磷颗粒剂6 000～8 000g，或15%毒死蜱颗粒剂1 000～1 500g等，耕地时撒施，或播种时沟施、穴施。花生苗期，每亩可选用5%丁硫克百威颗粒剂3 000～5 000g，或2%高效氯氰菊酯颗粒剂2 500～3 500g，或3%阿维·吡虫啉颗粒剂1 500～2 000g等，撒施花生根际；或选用30%毒·辛微囊悬浮剂1 000～1 500g，或30%毒死蜱微囊悬浮剂500～750g，或30%辛硫磷微囊悬浮剂1 000～1 500g，或40%甲基异柳磷乳油250～500mL等，对水稀释200～300倍喷施花生根际，或拌毒土25～30kg顺垄撒施，施药后浇水或抢在雨前施药。也可选用20%丁硫克百威乳油1 500倍液，或30%毒·辛微囊悬浮剂1 000～1 500倍液，或50%马拉硫磷乳油1 000倍液，或40%乐果乳油1 000倍液，或90%敌百虫晶体800倍液等灌根，或在灌溉时顺水冲施，但用药量比灌根要增加1～2倍。

（3）毒饵诱杀：在成虫盛发期，选用炒香的麦麸、豆饼、棉籽饼、谷糠或玉米碎粒等饵料，加入1%的90%敌百虫晶体，或2%的50%杀螟丹可溶性粉剂，或1%的40%氧化乐果乳油等，加适量水拌成毒饵，于傍晚撒施或堆施于田间地面，每亩施2～3kg。

七、棉铃虫

分布与为害

棉铃虫属昆虫纲鳞翅目夜蛾科，俗称钻心虫、棉桃虫等。广泛分布于南纬 50° 至北纬 50°，是一种世界性的多食性农业害虫。在我国各地均有发生，以北方较重。寄主植物有粮食、棉麻、油料、蔬菜、林果、中药材、牧草和花卉等 30 多科 200 余种植物。

棉铃虫为害花生，幼虫主要取食花生幼嫩叶片，也可为害嫩茎、叶柄、花、果针等（图 1）。1 ～ 2 龄幼虫能吐丝缚住未张开的嫩叶（图

图 1　花生田棉铃虫为害状

2），在其中啃食叶肉，或在顶端未展开叶内隐蔽取食，使叶片仅剩下透明的下表皮，呈天窗状（图 3）；3 龄后幼虫裸露取食上部嫩叶，叶片出现明显的孔洞、缺刻（图 4）；4 ～ 6 龄进入暴食期，可将叶片食光，只剩叶柄，形成光杆儿（图 5）。致使果针入土量减少，果重降低，通常损失叶片 10% ～ 20%，重者 50% 以上；一般造成减产 5% ～ 10%，大发生年份造成减产 20% 左右。

图 2　低龄幼虫叶丝缚叶为害

图 3　为害形成天窗状

图 4　为害形成孔洞与缺刻

图 5　严重为害状

形态特征

（1）成虫：体长 14 ~ 20mm，翅展 30 ~ 40mm。复眼球形，暗绿色。体色黄褐色、灰褐色、绿褐色及红褐色等（图 6）。头胸青灰色或淡灰褐色。雌蛾前翅多赤褐色至灰褐色，雄蛾多青灰色至绿褐色，前翅中部近前缘有 1 条深褐色环形纹和 1 条肾形纹，雄蛾比雌蛾明显，外横线有深灰色宽带，带上有 7 个小白点。后翅灰白色或褐色，翅脉深褐色，沿外缘有黑褐色宽带，外缘毛灰白色。

图 6 棉铃虫成虫

（2）卵：近半球形，直径 0.5 ~ 0.8mm，顶部微隆起。表面布满纵横纹，纵纹从顶部看有 12 条，从中部看有 26 ~ 29 条（图 7）。初产时乳白色，后变黄白色，近孵化时紫褐色。

（3）幼虫：通常共 6 龄，少数 5 龄或 7 龄。老熟幼虫体长

40 ~ 45mm，头部黄褐色，有网纹，腹足趾钩为双序中带。体色变化多，以黄白色、黄绿色、褐色、黑色、绿色等为主（图 8）。体背有十几条细纵线条（图 9），气门线白色、黄白色或淡黄色（图 10）。一般各体节上有刚毛疣 12 个，刚毛较长。前胸两根侧毛（L1、L2）的连线与前胸气门下端相切或相交，而烟青虫远离，这是两者的主要区别。

图 7　棉铃虫卵

图 8　幼虫体色多变

图 9　幼虫体背纵线

图 10　幼虫气门线白色至淡黄色

图 11　棉铃虫蛹

（4）蛹：纺锤形，长 17 ~ 20mm。初为淡绿色，渐变为绿褐色、黄褐色至深褐色，有光泽，复眼由淡红色渐变为褐红色。腹部第 5 ~ 7 节的背面和腹面有 7 ~ 8 排半圆形比体色略深的刻点，尾端有 2 个基部分开的臀刺。气门较大，圆孔片筒状隆起（图 11）。

发生规律

棉铃虫 1 年发生 3 ~ 8 代，由北向南逐渐增多。其中在北纬 40° 以北的辽宁、河北北部、内蒙古、新疆等地 1 年发生 3 代；在北纬 32° ~ 40° 的黄淮海流域 1 年发生 4 代；在北纬 25° ~ 32° 长江流域 1 年发生 5 代；在北纬 25° 以南的华南地区 1 年发生 6 ~ 8 代。以蛹在土中越冬。在田间有龄期不齐、世代重叠现象。河南、山东、河北、安徽、苏北等地，是花生棉铃虫的重发区，第 2 ~ 3 代为害花生，通常 6 月下旬至 7 月上旬第 2 代幼虫为害春花生，7 月下旬至 8 月上旬第 3 代幼虫为害夏花生。

当气温升至 15℃以上时，越冬蛹开始羽化。成虫昼伏夜出，吸食花蜜补充营养，有趋光性和趋化性，对新枯萎的杨树枝叶等有趋性。成虫多在前半夜羽化，羽化当晚即可交配，2 ~ 3d 后产卵，每雌产卵约 1 000 粒，最多达 3 000 粒。卵散产，多产于花生植株的嫩尖、嫩叶等幼嫩部位（图 12）。初孵幼虫有取食卵壳的习性，1 ~ 2 龄幼虫有吐

图 12 花生嫩尖、嫩叶上的卵

丝下垂的习性，3 龄后幼虫有转株为害和自相残杀的习性。老熟幼虫在 3 ～ 10cm 深的土层筑土室化蛹。

在适宜温度 25 ～ 28℃、相对湿度 70% ～ 90% 下，卵期 2 ～ 4d，幼虫期 17 ～ 22d，蛹期 13.6 ～ 18d，完成 1 个世代约 30d。温度高、降水次数多、雨量适中、相对湿度适宜，利于成虫发生，产卵期延长，发生加重；但暴风雨对卵和幼虫有冲刷作用，土壤湿度过高，蛹死亡率增加，不利于其发生。水肥条件好、施氮肥量大、植叶鲜嫩荫蔽、田间湿度较大，利于发生；前茬是麦类、绿肥或与玉米邻作的花生田发生严重。田间天敌种类较多，对卵和幼虫有一定的控制作用（图 13）。

图 13 被微生物寄生的幼虫

防治措施

1. 农业防治 秋季翻土耙地，冬季灌水，消灭越冬蛹；麦收后及时中耕灭茬，消灭一代蛹，降低成虫羽化率。加强田间管理，清除杂草，合理浇水，适当控制氮肥用量，防止花生徒长，降低棉铃虫为害。成虫产卵期叶面喷施 2% 过磷酸钙浸出液，可降低田间的落卵量。

2. 物理防治 成虫发生期，使用频振式杀虫灯、黑光灯、高压汞灯诱杀成虫，同时诱杀地老虎、甜菜夜蛾、金龟子等害虫。傍晚在田间摆新鲜玉米叶或插萎蔫杨树枝叶把，每亩 10 ~ 15 把，次日晨集中捕杀隐藏其内的成虫。使用棉铃虫性诱剂诱捕成虫。在田间地头零星点播棉花、玉米、高粱等形成诱集带，引诱成虫产卵和躲藏，然后集中杀灭。

3. 生物防治 注意保护利用天敌，充分发挥天敌的自然控制作用。在卵盛期人工释放赤眼蜂。或在卵孵化盛期至低龄幼虫期，喷洒生物制剂：每亩可选用 8 000IU/mg 苏云金杆菌可湿性粉剂 200 ~ 300g，或 10 亿 PIB/g 棉铃虫核型多角体病毒可湿性粉剂 80 ~ 100g，或 1.8% 阿维菌素乳油 60 ~ 120mL 等，对水 40 ~ 60kg，均匀喷雾；或选用 5% 氟铃脲乳油 300 ~ 600 倍液，或 25% 灭幼脲悬浮剂 1 500 ~ 2 000 倍液，或 10% 多杀霉素悬浮剂 1 500 ~ 2 000 倍液等 40 ~ 60kg，均匀喷雾。

4. 化学防治 花生田棉铃虫应以 2 ~ 3 代为防治重点，防治指标为 4 头 /m^2。防治适期为卵孵盛期至 2 龄幼虫期，以卵孵盛期喷药效果最佳。

每亩可选用 4.5% 高效氯氰菊酯乳油 30 ~ 50mL，或 25g/L 溴氰菊酯乳油 20 ~ 40mL，或 40% 辛硫磷乳油 75 ~ 100mL，或 40% 灭多威可溶性粉剂 45 ~ 60g，或 50g/L 虱螨脲乳油 50 ~ 60mL，或 20% 氰戊 · 马拉松乳油 50 ~ 80mL 等，对水 40 ~ 60kg，均匀喷雾。或者每亩选用 40% 毒死蜱乳油 800 ~ 1 000 倍液，或 35% 硫丹乳油 400 ~ 500 倍液，或 20% 甲氰菊酯乳油 1 000 ~ 2 000 倍液，或 10% 溴氰虫酰胺可分散油悬浮剂 3 000 ~ 4 000 倍液，或 15% 茚虫威悬浮剂 3 000 ~ 4 000 倍液，或 40% 毒 · 辛乳油 800 ~ 1 000 倍液等，对准顶部叶片均匀喷雾，亩喷药液 40 ~ 60kg。每隔 7 ~ 10d 喷 1 次，根据虫情酌情喷药 2 ~ 3 次，轮换用药，可兼治蚜虫、蓟马、甜菜夜蛾、银纹夜蛾等叶部害虫。

八、甜菜夜蛾

分布与为害

甜菜夜蛾属昆虫纲鳞翅目夜蛾科，又名玉米叶夜蛾、贪夜蛾、白菜褐夜蛾等，为世界性农业害虫，广泛分布于南纬40°至北纬57°，以北纬20°～35°的亚热带和温带地区受害最重。在我国各地均有分布，以江淮、黄海流域为害最严重。甜菜夜蛾是一种暴食性、多食性、间歇性大发生的害虫。已知寄主有粮食、棉麻、油料、蔬菜、林果、中药材、牧草和花卉等植物170余种植物。

甜菜夜蛾为害花生，幼虫主要取食叶片，也可为害嫩茎、叶柄、花及果针（图1）。初孵幼虫群集叶背或心叶内，吐丝结网（图2），在网内取食叶肉，留下表皮，形成透明“天窗”状小孔（图3）。3龄后分散为害，可将叶片吃成孔洞或缺刻（图4），严重时吃光叶片，仅剩叶脉和叶柄（图5），造成幼苗死亡。

图1　甜菜夜蛾大田为害状

图 2　低龄幼虫群集吐丝结网

图 3　低龄幼虫为害状

图 4　大龄幼虫为害状

图 5　严重为害状

形态特征

图 6　甜菜夜蛾成虫

（1）成虫：体长 8 ~ 14mm，翅展 25 ~ 33mm，灰褐色，头、胸部有黑点（图 6）。前翅中央近前缘外方有 1 个肾形斑，内方有 1 个圆形斑，均为黄褐色，外有黑色轮廓线；内横线、亚外缘线灰白色，外缘线由 1 列黑色三角形斑组成，各点内侧均衬白色。后翅银白色，略带粉红色，翅缘灰褐色；翅脉及缘线黑褐色。

（2）卵：圆球状,白色，直径约 0.5mm，表面有放射状纹，卵粒 1 ～ 3 层排列成块，卵块上覆有白色或淡黄色茸毛（图 7）。

（3）幼虫：共 5 龄，少数 6 ～ 7 龄。3 龄前多为绿色，3 龄后头后方有 2 个黑色斑纹（图 8）。老熟幼虫体长 22 ～ 30 mm，表皮光滑，体色变化很大，有绿色、暗绿色、黄褐色、褐色至黑褐色（图 9）。背线有或无，颜色

图 7　花生叶上的卵块

图 8　3 龄后幼虫头后方有 2 个黑色斑纹

图 9　幼虫体色变化

图 10　幼虫气门下线黄白色

图 11　幼虫各节气门后上方有 1 白点

各异。腹部气门下线为明显的黄白色纵带，有时带粉红色，直达腹部末端，不弯到臀足上（图 10）。各节气门后上方有 1 个明显白点，体色越深，白点越明显（图 11）。

（4）蛹：长约 10mm，黄褐色。第 3 ～ 7 节背面及第 5 ～ 7 节腹面有粗刻点。中胸气门呈椭圆形显著外突。腹端有1对粗大的臀棘，在每根臀刺后方、腹面基部各有1根斜向短毛（图12）。

图12　甜菜夜蛾蛹

发生规律

甜菜夜蛾1年发生3 ~ 11代，由北向南逐渐增多，世代重叠严重。其中华北及黄河流域1年发生4 ~ 5代，长江流域1年发生5 ~ 7代，福建1年发生8 ~ 10代，广东、海南1年发生10 ~ 11代，通常多以蛹、少数以老熟幼虫在土室内越冬，华南地区无越冬现象，可终年繁殖为害。黄河与长江流域以7 ~ 9月、华南地区以5 ~ 9月为害最重。

成虫昼伏夜出，趋光性强，趋化性较弱，白天隐藏在杂草、土块、土缝、枯枝落叶等场所，夜间活动，以20 ~ 23时和5 ~ 7时活动最盛。当湿度高、密度大、食料缺乏时，有成群迁移习性。产卵前取食蜜源补充营养，产卵有很强趋嫩性，卵多块产于叶背面或叶柄上。每块7 ~ 100粒，单雌产卵200 ~ 600粒，多者达1 800余粒。成虫寿命6 ~ 10d，产卵前期1 ~ 2.5d，产卵期4 ~ 6d，卵期3 ~ 9d。初孵幼虫取食卵壳后从茸毛内爬出，有群集习性。3龄后分散取食，有假死性，受惊扰即卷曲落地。4龄后食量大增，白天常潜伏于土中，夜间出来取食，阴雨天全天为害。虫口密度过大时，可成群迁徙和自相残杀。幼虫期11 ~ 39d，蛹期7 ~ 11d。老熟幼虫钻入3 ~ 9cm深土层内或枯枝落叶中化蛹。

甜菜夜蛾喜温又耐高温，最适温度27 ~ 30℃，相对湿度50% ~ 75%。高温干旱利于其大发生，降水、高湿对其发生不利，大雨可冲刷或淹死幼虫。幼虫和蛹抗寒力弱，–2℃以下数日即可死亡，北方地区越冬死亡率高。南方如春季雨水少、梅雨季明显提前、夏季炎热，则秋季发生严重。沙壤土重于黏土田块。杂草丛生、管理粗放的田块发生较重。田间天敌种类较多，对卵和幼虫有一定的抑制作用。

防治措施

1. 农业防治　秋末冬初耕翻土壤、灌冻水，蛹期结合中耕培土或灌溉灭蛹。春季铲除杂草，消灭杂草上的初龄幼虫。结合田间管理，人工捕捉大龄幼虫，抹杀孵卵块和幼虫群。

2. 物理防治　成虫发生期，使用频振式杀虫灯、黑光灯、高压汞灯诱杀成虫，可同时诱杀棉铃虫、地老虎、金龟子等多种害虫。配制糖醋液（糖∶醋∶酒∶水 =3∶4∶1∶2）诱杀成虫。利用杨柳枝把诱捕成虫。使用甜菜夜蛾性诱剂诱捕成虫，每亩 1 ～ 2 个诱捕器，30 ～ 40d 更换 1 次诱芯。

3. 生物防治　注意保护利用天敌，充分发挥天敌的自然控制作用。在卵盛期人工释放赤眼蜂。在卵孵化盛期至低龄幼虫期，喷洒生物制剂：每亩可选用 30 亿 PIB/g 甜菜夜蛾核型多角体病毒悬浮剂 20 ～ 30mL，或 10 亿 PIB/mL 苜蓿银纹夜蛾核型多角体病毒悬浮剂 100 ～ 150mL，或 32 000IU/mg 苏云金杆菌可湿性粉剂 40 ～ 60g 等，对水 40 ～ 60kg,均匀喷雾；或选用 5% 氟啶脲乳油 1 000 ～ 1 500 倍液，或 20% 虫酰肼悬浮剂 400 ～ 600 倍液，或 3% 甲氨基阿维菌素苯甲酸盐微乳剂 4 000 ～ 5 000 倍液等，均匀喷雾，亩喷药液 40 ～ 60kg。

4. 化学防治　应掌握早治、巧治的原则，防治适期为卵孵盛期至 3 龄幼虫期。

每亩可选用 2.5% 高效氯氟氰菊酯微乳剂 40 ～ 65mL，或 50% 敌敌畏乳油 60 ～ 80mL，或 10% 虱螨脲悬浮剂 15 ～ 20mL，或 20% 氟苯虫酰胺水分散粒剂 15 ～ 20g，或 20% 高氯 · 马乳油 40 ～ 50mL，或 30% 灭威 · 毒死蜱乳油 70 ～ 100mL 等，对水 40 ～ 60kg，均匀喷雾。也可选用 20% 甲氰菊酯水乳剂 1 000 ～ 2 000 倍液，或 10% 虫螨腈悬浮剂 1 000 ～ 1 500 倍液，或 150g/L 茚虫威悬浮剂 2 000 ～ 3 000

倍液，或 10% 溴氰虫酰胺可分散油悬浮剂 3 000 ~ 4 000 倍液，10% 阿维·毒死蜱乳油 800 ~ 1 000 倍液，或 30% 甲维·丁醚脲悬浮剂 6 000 ~ 8 000 倍液等 40 ~ 60kg，均匀喷雾。每隔 7 ~ 10d 喷 1 次，根据虫情酌情喷药 1 ~ 3 次。选在早晨或傍晚施药为宜，重点对植株叶背、心叶和根部、地面进行喷雾，注意轮换用药，可兼治蚜虫、小绿叶蝉、棉铃虫、银纹夜蛾等害虫。

九、银纹夜蛾

分布与为害

银纹夜蛾属昆虫纲鳞翅目夜蛾科，又名黑点银纹夜蛾、豆银纹夜蛾、豆尺蠖、豌豆黏虫、豌豆造桥虫等，为世界性农业害虫。在全国各地均有分布，以黄淮流域和长江流域发生较重。主要为害花生、大豆、油菜、甘蓝、花椰菜、白菜、萝卜等十字花科蔬菜、豆类作物及中药材、林木等植物。

银纹夜蛾为害花生，幼虫主要取食叶片，也可为害幼嫩茎秆、叶柄、花及果针。1 ~ 2 龄幼虫在叶背面啃食叶肉，残留上表皮，3 龄后分散为害，常爬到植株上部，将叶片吃成孔洞或缺刻，严重时吃光叶片（图 1）。

图 1　银纹夜蛾田间为害状

形态特征

（1）成虫：体长 12 ~ 17mm，翅展 32 ~ 35mm，体灰褐色（图 2）。前翅深褐色，泛蓝紫色闪光，有 2 条银色横纹，翅中有一显著的“U”形银纹和一个近三角形银斑，两者靠近但不相连；后翅暗褐色，有金属光泽（图 3）。

图 2　银纹夜蛾成虫

图 3　银纹夜蛾成虫前翅斑纹

（2）卵：半球形，直径 0.4 ~ 0.5mm，初产时乳白色，后为淡黄绿色至紫黑色，表面有从顶端向四周放射出的隆纹（图 4）。

（3）幼虫：共 5 龄。老熟幼虫体长 25 ~ 32mm，淡黄绿色。虫体前端较细，后端较粗（图 5）。头部绿色，两侧有黑斑（图 6）。体背有

图 4　银纹夜蛾卵

图 5　幼虫体前端较细，后端较粗

6 条纵向白色细线（图 7），体侧有白色纵纹（图 8）。胸足及腹足绿色，第 1、2 对腹足退化，爬行时呈屈伸状（图 9）。雄虫 4 龄后第 8 节背面出现 2 个淡黄色圆斑，雌虫则无。

图6　幼虫头部绿色，两侧有黑斑

图 7　幼虫体背有 6 条白色纵线

图 8　幼虫体侧有白色纵纹

图 9　幼虫前 2 对腹足退化，爬行时呈屈伸状

（4）蛹：蛹外被粉白色薄丝茧（图 10）。蛹体纺锤形，长 18 ~ 20mm（图 11）。腹部 1、2 节气门孔明显突出，腹部末端延伸为

方形臀棘，上生钩状齿 6 根。前期腹面绿色，背面褐色（图 12），中期变褐色（图 13），后期全体呈黑褐色（图 14）。

图 10　蛹外被粉白色薄丝茧

图 11　银纹夜蛾蛹

图 12　蛹前期腹面绿色，背面褐色

图 13　蛹中期变褐色

图 14　蛹后期呈黑褐色

发生规律

银纹夜蛾1年发生1～8代，由北向南逐渐增多。其中辽宁1年发生1～2代，河北1年发生3～4代，黄淮地区1年发生5～6代，长江以南1年发生6～8代，以蛹在枯叶上、土表等处越冬。各地以春、秋两季发生较多。

成虫多在7～10时羽化，昼伏夜出，趋光性强，趋化性弱。成虫需取食蜜源补充营养，寿命3～20d，产卵前期2～3d，羽化后4～5d进入产卵盛期，单雌产卵50～310粒，多者达约800粒。喜欢在生长茂密的田内产卵，卵多散产或3～6粒成堆产于上部叶片的背面。卵期2～3d，初孵幼虫能吐丝下垂，3龄后食量大增，多在夜间为害，有假死性，受惊后会卷缩掉地，老熟幼虫在叶背或土表等处吐白丝结茧化蛹。幼虫期10～18d，蛹期6～10d。

低温大雨对银纹夜蛾发生不利，随气温的下降，雌虫产卵量减少，低于20℃成虫多不产卵，大雨可冲刷或淹死卵和幼虫。花生间作、偏施氮肥、生长繁茂、覆膜栽培的田块发生重。田间天敌种类较多，对卵、幼虫和蛹有一定的抑制作用。

防治措施

1. 农业防治　合理种植布局，避免寄主作物连作、间作，减少转移为害。清除枯枝落叶，消灭虫蛹，加强田间管理，科学施肥，铲除杂草。人工捕杀幼虫和蛹。

2. 物理防治　成虫发生盛期，使用频振式杀虫灯、黑光灯、高压汞灯等诱杀成虫，可兼诱棉铃虫、地老虎、金龟子等多种害虫。

3. 生物防治　卵孵化盛期至低龄幼虫期，喷洒生物制剂：每亩可选用10亿PIB/mL苜蓿银纹夜蛾核型多角体病毒悬浮剂100～150mL，或30亿PIB/g甜菜夜蛾核型多角体病毒悬浮剂20～30mL，或16 000IU/mg苏云金杆菌可湿性粉剂100～150g等，对水40～50kg，均匀喷雾。或选用400亿个孢子/g球孢白僵菌水分散粒剂1 500～2 000

倍液，或 1.8% 阿维菌素乳油 1 000 ~ 2 000 倍液，或 60g/L 乙基多杀霉素悬浮剂 1500 ~ 2 000 倍液等，40 ~ 60kg，均匀喷雾。

4. 化学防治 在卵孵盛期至幼虫 3 龄期，每亩可选用 30% 毒死蜱微囊悬浮剂 70 ~ 100mL，或 24% 灭多威可溶液剂 75 ~ 100mL，或 5% 氯虫苯甲酰胺悬浮剂 40 ~ 50mL，或 2% 虱螨脲微乳剂 75 ~ 100mL，或 10% 虫螨腈微乳剂 40 ~ 50mL，或 10% 醚菊酯悬浮剂 80 ~ 100mL 等，对水 40 ~ 60kg，均匀喷雾。也可选用 50% 辛硫磷乳油 800 ~ 1 000 倍液，或 70% 硫丹乳油 800 ~ 1 000 倍液，或 10% 联苯菊酯乳油 1 500 ~ 2 000 倍液，或 15% 茚虫威悬浮剂 2 000 ~ 3 000 倍液，或 21% 氰戊 · 马拉松乳油 1 500 ~ 2 000 倍液，或 30% 灭威 · 毒死蜱乳油 800 ~ 1500 倍液等，每亩喷药液 40 ~ 60kg，均匀喷雾。每隔 7 ~ 10d 喷 1 次，根据虫情酌情喷药 1 ~ 3 次。在早晨或傍晚施药为宜，药液要喷匀、喷足，同时注意交替用药和轮换用药，兼治叶蝉、蓟马、棉铃虫、甜菜夜蛾等叶部害虫。

十、斜纹夜蛾

分布与为害

斜纹夜蛾属昆虫纲鳞翅目夜蛾科，又名莲纹夜蛾、斜纹夜盗蛾，分布极广，具有暴发性、多食性，是一种危害性很大的世界性害虫。在我国各地分布普遍，以长江流域和河南、河北、山东等省发生严重，其中淮河以北呈间歇性大发生，淮河以南特别是长江以南呈经常性、大面积发生。已知寄主有粮食、棉麻、油料、蔬菜、林果、中药材、牧草和花卉等99科290多种植物。

图1　斜纹夜蛾花生田为害状

斜纹夜蛾为害花生，以开花下针期为害严重，幼虫主要取食花生叶片，也可为害幼嫩茎秆、叶柄、花及果针（图1）。3龄前在叶背取食叶肉，残留上表皮或叶脉，呈纱窗透明状。4龄后进入暴食期，将叶片吃成缺刻与孔洞（图2），严重时吃光叶片，仅留主脉，呈扫帚状（图3），大发生时，严重影响花生产量与品质。

图 2　叶片受害状

图 3　严重为害状

形态特征

（1）成虫：体长 14 ~ 20mm，翅展 30 ~ 42mm。头、胸、腹部均深褐色，胸部背面有白色丛毛（图 4）。前翅灰褐色，雄虫色较深，内横线和外横线灰白色、波浪形，中间有白色斜条纹；环状纹不明显，肾状纹前部白色，后部黑色，在两纹之间，自前缘向后缘外方有 3 条白线组成明显的较宽斜纹，雌虫较雄虫更明显；外缘毛褐黑色间白色。后翅白色半透明，微闪紫光，翅脉与外缘前半部淡褐色，横脉纹不显，外缘毛白色（图 5）。足褐色，各足胫节有灰色毛。

图 4　斜纹夜蛾成虫侧面

图 5　斜纹夜蛾成虫正面

（2）卵：半球形，直径 0.4 ~ 0.5mm。表面有细网状花纹，纵纹自顶部直达底部，中部共有 36 ~ 39 条。卵粒 1 ~ 4 层排列成块，中央层多，表面覆盖黄褐色疏松绒毛（图 6）。初产黄白色，后为浅紫褐色，孵化前紫黑色。

（3）幼虫：通常共6龄，少数7～8龄。老熟幼虫体长35～51mm，头部黑褐色，体色多变，常为灰黄色、褐色、黑褐色或暗绿色等，密度大、龄期大时体色较深（图7）。3龄前第1腹节有1对三角形黑斑（图8）；4龄后体线明显，背线、亚背线

图6　斜纹夜蛾卵块

图7　斜纹夜蛾幼虫体色多变

及气门下线为灰黄色、橙黄色，从中胸至第9腹节在亚背线内侧各有1对近三角形黑斑，以第1、第7和第8腹节的最大，气门线上亦有黑点（图9）。

图 8　低龄幼虫

图 9　幼虫体上黑斑

（4）蛹：圆筒形，长 15 ~ 20mm，赤褐色至暗褐色。头部钝圆，尾端尖细，腹部第 4 节背面前缘及第 5 ~ 7 节背、腹面前缘密布圆形刻点。气门黑褐色，呈椭圆形隆起。腹端有 1 对粗壮弯曲的短臀棘，棘基部分开（图 10）。

图 10　斜纹夜蛾蛹

发生规律

斜纹夜蛾 1 年发生 3 ~ 9 代，由北向南逐渐增多，世代重叠严重。其中东北地区 1 年发生 3 ~ 4 代，华北及黄河流域 1 年发生 4 ~ 5 代，长江流域 1 年发生 5 ~ 6 代，华南地区 1 年发生 6 ~ 9 代。多以蛹在土中越冬，少数以老熟幼虫在土缝、枯叶、杂草中越冬，广州、南宁、昆明以南地区没有越冬现象。各地均以 6 ~ 10 月发生严重，长江流域和黄河流域以 7 ~ 9 月发生量大，以 2 ~ 3 代幼虫为害最重。

成虫昼伏夜出，多在 18 ~ 21 时羽化，20 ~ 24 时活动最盛，飞翔力强，有随气流迁飞习性，早春由南向北迁飞，秋天又由北向南迁飞，有突增突减现象，有趋光性，对糖醋液和发酵的胡萝卜、豆饼、牛粪等有趋化性。成虫寿命 3 ~ 15d，产卵前期 1 ~ 3d，需取食蜜源

图 11　初孵幼虫

补充营养。卵多块产于中下部叶片背面，平均单雌产卵 3 ~ 5 块，400 ~ 700 粒，甚至可达 2 000 粒以上，每块 100 ~ 200 粒，卵期 3 ~ 5d。幼虫多早晚为害，以 21 ~ 24 时取食最盛，晴天中午躲藏于荫蔽处，阴天全天为害。初孵幼虫群集在卵块附近昼夜取食叶肉，受惊后四处爬散或假死落地或吐丝下坠飘散（图 11）。2 龄后分散为害，3 龄后怕强光，多隐藏于荫蔽处，有明显的假死性，4 龄后进入暴食期，当食料不足时有成群迁移习性及自相残杀现象。幼虫期 13 ~ 24d，蛹期 6 ~ 10d。老熟幼虫入土 1 ~ 3cm 深做室化蛹。

斜纹夜蛾生长发育温度 20 ~ 38℃，最适温度 28 ~ 30℃、相对湿度 75% ~ 85%、土壤含水量 20% ~ 30%，喜温且耐高温，但抗寒力弱，长江以北地区多不能安全越冬。高温、干燥、少暴雨的条件利于其发生，北方夏秋降水偏多而集中的年份常大发生；38℃以上高温、冬季低温、土壤干燥或蛹期雨水大、初孵幼虫期遇暴风雨，对其发生不利。水肥条件好、施氮肥过多或过迟、植株生长茂密、生育期延长的田块利于发生，花生间种、复种指数高、田间及周边杂草多或紧邻菜田的地块发生重。田间天敌种类较多，对卵和幼虫有一定的控制作用。

防治措施

1. 农业防治　在卵盛期至初孵期，田间查找卵块和纱网状被害叶，人工抹杀卵块和幼虫群；蛹期结合中耕培土或灌溉灭蛹。合理安排种植茬口，及时清除田间及周边杂草。科学施肥，增施磷肥、钾肥，重施基肥、充分腐熟的有机肥。合理密植，培育壮苗，增加田间通风透光度。

2. 物理防治 成虫发生期，使用频振式杀虫灯、黑光灯、高压汞灯诱杀成虫，同时诱杀棉铃虫、地老虎、金龟子等害虫。配制糖醋液（糖:醋:酒:水 =3:4:1:2），加少量敌百虫、甘薯或豆饼发酵液诱杀成虫。使用斜纹夜蛾性诱剂诱捕成虫。在田间地头零星栽植一些芋头、甘蓝、大葱、棉花、蓖麻等斜纹夜蛾比较喜食的作物，引诱成虫产卵，然后集中消灭。

3. 生物防治 注意保护利用天敌，充分发挥天敌的自然控制作用。在卵盛期人工释放赤眼蜂。在卵孵化盛期至低龄幼虫盛期，喷洒生物制剂：每亩可选用 400 亿个孢子 /g 球孢白僵菌可湿性粉剂 25 ~ 30g，16 000IU/mg 苏云金杆菌可湿性粉剂 125 ~ 250g，10 亿 PIB/g 斜纹夜蛾核型多角体病毒可湿性粉剂 40 ~ 80g 等，对水 40 ~ 60kg，均匀喷雾；或选用 100 亿个孢子 /mL 短稳杆菌悬浮剂 800 ~ 1 000 倍液，或 25% 灭幼脲悬浮剂 1 500 ~ 2 000 倍液，或 2% 甲氨基阿维菌素苯甲酸盐乳油 1 500 ~ 2 000 倍液等，均匀喷雾，亩喷药液 40 ~ 60kg。

4. 化学防治 防治适期为卵孵盛期至 3 龄幼虫期，一般在卵高峰后 5d 左右开始喷药。幼虫防治指标：百株（穴）有卵 1 块或初孵幼虫“一窝”。

每亩可选用 25% 毒死蜱微囊悬浮剂 80 ~ 120mL，或 40% 灭多威可溶性粉剂 40 ~ 60g，或 25g/L 溴氰菊酯乳油 20 ~ 40mL，或 5% 氯虫苯甲酰胺悬浮剂 40 ~ 60mL，或 40% 丙溴磷乳油 80 ~ 100mL，或 21% 氰戊 · 马拉松乳油 25 ~ 30mL 等，对水 40 ~ 50kg，均匀喷雾。也可选用 80% 敌百虫可溶粉剂 800 ~ 1 000 倍液，或 70% 硫丹乳油 800 ~ 1 000 倍液，或 10% 联苯菊酯乳油 1 000 ~ 1 500 倍液，或 240g/L 虫螨腈悬浮剂 1 000 ~ 2 000 倍液，或 15% 茚虫威悬浮剂 3 000 ~ 4 000 倍液，或 50% 氰戊 · 辛硫磷乳油 800 ~ 1 000 倍液等，亩喷药液 40 ~ 60kg，均匀喷雾。宜在傍晚喷药，药液要喷匀、喷足，并让部分药液洒落到地面上。每隔 7 ~ 10d 喷 1 次，酌情喷药 1 ~ 3 次，轮换用药，可兼治叶蝉、蓟马、棉铃虫、甜菜夜蛾等叶部害虫。

十一、地老虎

分布与为害

地老虎属昆虫纲鳞翅目夜蛾科，又名土蚕、地蚕、黑地蚕、切根虫等，是一类世界性地下害虫。我国已鉴定有170余种，为害花生的种类主要有小地老虎、黄地老虎、大地老虎等。其中小地老虎分布最广，为害最重，在全国各地普遍发生，以长江流域和东南沿海各省发生最多；黄地老虎分布于除广东、海南、广西外的其他省区，以西北、华北和黄淮地区较多；大地老虎分布较普遍，但主要发生在长江下游沿岸地区。

地老虎为多食性害虫，可为害棉花、玉米、大豆及蔬菜、中草药、花卉、苗木等多种旱生作物与杂草，是作物苗期的主要害虫。1 ~ 2龄幼虫为害心叶、生长点或嫩叶，啃食叶肉残留表皮，形成圆形“天窗”或小孔，3龄后幼虫在土中咬食种子、幼芽，可咬断幼苗基部的茎、叶柄，造成缺苗断垄。地老虎为害花生，幼虫咬断花生嫩茎或幼根，使整株死亡，个别还能钻入荚果内取食籽仁。

形态特征

1. 小地老虎

（1）成虫：体长16 ~ 23mm，翅展42 ~ 54mm。触角雌蛾丝状，雄蛾基半部双栉齿状，端半部丝状（图1）。前翅暗褐色，内横线、中横线、外横线及亚缘线明显，且均为双条曲线，内横线、外横线将全翅分为3段，翅面从内向外各有1个棒状纹、环形纹和肾形纹，肾形纹外面有 1 个明显的尖端向外的楔形黑斑，亚缘线上有 2 个尖端向里的楔形斑，3 个楔形斑相对。后翅灰白色，翅脉及外缘黑褐色（图 2）。

图 1　小地老虎成虫

图 2　小地老虎成虫的翅

（2）卵：半球形，直径 0.5 ~ 0.6 mm，初产时乳白色，渐变黄色，孵化前顶部变黑。

（3）幼虫：共 6 龄，少数 7 ~ 8 龄（图 3）。老熟幼虫体长 37 ~ 50mm，头宽 3.0 ~ 3.5mm，黄褐至黑褐色（图 4）。头部褐色，有不规则褐色网纹。体表密布黑色颗粒状小突起，背面有淡色纵带。

图 3　小地老虎幼虫

图 4　小地老虎老熟幼虫

腹部 1 ~ 8 节背面各有以上 4 个毛片，后 2 个是前 2 个的 2 倍以上（图 5）。臀板黄褐色，上有 2 条深褐色纵纹。

图 5　小地老虎幼虫体节毛片

（4）蛹：长 18 ~ 24mm，宽 6.5 ~ 7.0mm，红褐色至暗褐色。腹部第 4 ~ 7 节基部有 1 圈刻点，背面的大而色深。腹末有臀棘 1 对。

2. 黄地老虎

（1）成虫：体长 14 ~ 19mm，翅展 32 ~ 43mm（图 6）。触角雌蛾丝状，雄蛾基部 2/3 为双栉齿状，栉齿向端部渐短，端部 1/3 为丝状。前翅黄褐色，散布小黑点，各横线为双条曲线但多不明显，棒状纹、环形纹和肾形纹明显，周围有黑褐色边。后翅灰白色，半透明，翅脉及外缘黄褐色（图 7）。

图 6　黄地老虎成虫（1）

图 7　黄地老虎成虫（2）

（2）卵：半球形，直径约 0.5 mm，初产时乳白色，渐变淡黄色、紫红色、灰黑色，孵化前变黑色。

（3）幼虫：共 6 龄，少数 7 龄。老熟幼虫体长 33 ~ 45mm，头宽 2.8 ~ 3.0mm，黄褐色。头部黑褐色，有不规则的深褐色网纹。体表多皱纹，表皮颗粒不明显，有光泽。腹部各节背面毛片 4 个，前后 2 个大小相似。臀板中央有 1 条黄色纵纹，将臀板划分为 2 块黄褐色大斑。

图 8　大地老虎成虫

（4）蛹：长 15 ~ 20mm，宽约 7.0mm。初为淡黄色，后变为黄褐色、深褐色。第 5 ~ 7 腹节背面有很密的小刻点，腹末有臀刺 1 对。

3. **大地老虎**

（1）成虫：体长 20 ~ 30mm，翅展 42 ~ 52mm，暗褐色（图 8）。雌蛾触角丝状，雄蛾触角双栉齿状，向端部渐短小，几达末端。前翅褐色，前缘自基部至 2/3 处黑褐色；棒状纹、环形纹和肾形纹明显，肾形纹外方有 1 黑色条斑，无楔形黑斑；内横线、外横线均为明显的双条曲线，外缘线呈 1 列黑点。后翅灰黄色，外缘有很宽的黑褐色边。

（2）卵：半球形，直径 0.6 ~ 0.7mm，初产时浅黄色，后渐变为米黄色，孵化前灰褐色。

（3）幼虫：共 7 龄。老熟幼虫体长 40 ~ 60mm，黄褐色，体表多皱纹，颗粒不明显。头部褐色，中央有黑褐色纵纹 1 对。腹部第 1 ~ 8 节背面前后 2 个毛片大小相似。气门长卵形黑色。臀板除末端 2 根刚毛附近为黄褐色外，全部深褐色，布满龟裂状皱纹。

（4）蛹：体长 23 ~ 29mm，初浅黄色，后变为黄褐色。腹部第 3 ~ 5 节明显较粗。腹部第 4 ~ 7 节前缘有圆形刻点，背面中央的刻点较大，腹端有臀棘 1 对。

发生规律

1. 小地老虎　1年发生2～7代。东北和西北1年发生2～3代，黄河流域1年发生3～4代，长江流域1年发生4～5代，华南和西南1年发生6～7代。小地老虎是一种迁飞性害虫，各个虫态都不滞育。在南岭以南地区，1月平均气温高于8℃，全年繁殖为害，无越冬现象；南岭至北纬33°地区，以老熟幼虫、蛹和成虫越冬；在北纬33°以北地区，1月平均气温低于0℃，不能越冬，越冬代成虫均由南方迁入。3月初前后，各地相继出现越冬代成虫，3月下旬至4月上中旬成虫盛发。春夏秋季均有为害，以春季为害严重，第1～2代幼虫为害最重。

成虫昼伏夜出，趋光性强，对发酵的酸甜气味和萎蔫的杨树枝把有较强趋性。成虫多在15～20时羽化，需取食补充营养，羽化后1～2d开始交尾，交尾后第2天即产卵，多在羽化3～5 d后交尾、6～7d后进入产卵盛期，单雌产卵800～1 000粒，多者达2 000粒。成虫喜在双子叶杂草较多的低洼潮湿地内产卵，卵散多产在5cm以下矮小杂

图9　小地老虎幼虫受惊缩成环形

草及枯茎、根茬、土块上，尤其是贴近地面的叶背或嫩茎上。幼虫孵化后先取食卵壳，1～2龄昼夜剥食嫩叶或咬成缺刻，3龄后白天潜伏在幼苗附近的表土下2～3cm处，夜间出来为害，在19～22时及天刚亮露水多时为害严重。幼虫行动敏捷，有假死性，受惊缩成环形（图

9)，耐饥饿，有自相残杀习性。老熟幼虫多在比较干燥的土壤 6 ~ 10cm 处筑土室化蛹。小地老虎喜温暖及潮湿的条件，不耐高温和低温，高于 30℃、低于 5℃，便会大量死亡，最适发育温度 13 ~ 25℃，土壤含水量 15% ~ 25%。在 20℃条件下，成虫期 10 ~ 25d，产卵前期 4 ~ 6d，卵期 5 ~ 6d，幼虫期 20 ~ 34d，蛹期 13 ~ 22d，越冬蛹 150d。

地势低洼、土壤潮湿、沙质壤土、植被茂密，田间及周缘杂草多、复种指数高，蜜源植物多，适宜小地老虎发生为害。成虫盛发期遇有适量降水或灌水时常导致大发生，但降水过多，土壤湿度过大，不利于幼虫活动。

2. 黄地老虎 1 年发生 2 ~ 5 代。东北、内蒙古 1 年发生 2 代，西北 1 年发生 2 ~ 3 代，华北 1 年发生 3 ~ 4 代，黄淮地区 1 年发生 4 代，福建 1 年发生 5 代。以幼虫或蛹在土壤内越冬，在福建等南方地区无越冬现象。在河北、河南、山东、安徽等地，越冬幼虫于 3 月上旬开始活动，3 月下旬至 4 月下旬陆续在土表约 3cm 深处，头部向上直立于土室中化蛹，4 ~ 5 月为越冬代成虫盛期，1 代卵高峰期在 5 月上旬，卵孵化盛期在 5 月中旬，5 月中下旬至 6 月中旬为 1 代幼虫为害盛期。春、秋两季为害，春季重于秋季。一般第 1 代为害最重，华北 5 ~ 6 月、黑龙江 6 月下旬至 7 月上旬、新疆 5 月下旬至 6 月中旬为害最重。在黄淮地区，黄地老虎较小地老虎发生晚，为害盛期相差 15d 以上。

成虫昼伏夜出，在高温、无风、空气温度大的黑夜最活跃，对黑光灯有趋光性，但对糖醋液趋性不明显，喜食洋葱、大葱花蜜补充营养。卵多散产在土面枯草根际处，或产在阔叶杂草及花生、棉花、豆类等幼苗的叶背。单雌产卵 300 ~ 600 粒，多者上千粒。幼虫 3 龄后潜入土中活动，夜间出土转移为害，自残习性不明显，不耐高温，耐低温，气温降到 2℃时才进入越冬期。幼虫越冬前多迁移到田埂、沟渠向阳坡的杂草中，在 2 ~ 15cm 深的土层中筑土室越冬，以 7 ~ 10cm 深处最多。各虫态发育历期，因温度变化而异，产卵前期 3 ~ 6d，产卵期 5 ~ 11d，卵期 4 ~ 13d，非越冬代幼虫期为 25 ~ 63d，蛹期 10 ~ 48d。

黄地老虎多在地势较高的平原地带或比较干旱的季节发生，如播种灌水期与成虫盛期相遇为害就重。秋季雨多、田间杂草量大，常使越冬基数增大，翌年春季雨水适量，发生为害严重。

3. 大地老虎 1年发生1代，以2～6龄幼虫在表土或田埂杂草丛下越冬，并以老熟幼虫在土壤中滞育越夏。在长江流域，3月初气温8～10℃时越冬幼虫开始为害，4月上旬至5月上中旬为害盛期，5月下旬气温高于20.5℃时，幼虫陆续老熟，在土壤3～5 cm深处筑土室滞育越夏，至9月上中旬化蛹，10月上中旬羽化，10月中旬至11月中旬为成虫及卵盛期，10月下旬卵孵化，12月下旬幼虫进入越冬期。在河南，越冬幼虫在4月开始活动，6月中下旬幼虫老熟越夏，至8月下旬化蛹，9月中下旬羽化。

大地老虎成虫趋光性不强，喜食蜜糖液，交尾后第2天开始产卵。卵多散产于土表或幼嫩杂草茎叶上，常几粒或几十粒散聚在一起。单雌产卵648～1 486粒，平均1 000粒。1～3龄幼虫常在草丛间取食叶片，4龄后白天潜伏于表土下，夜间出土活动，取食时仅将头胸部露出土外，其余部分仍留在土中，粪便全部排在土内。成虫寿命7～15d，产卵前期3～4d，产卵期约10d，卵期7～24d，幼虫期266～324d，蛹期26～35d。越冬幼虫抗低温能力强，在－14℃情况下很少死亡。越冬期间没有滞育和明显休眠现象，如气温上升到6℃以上时，仍能活动取食。幼虫有滞育越夏习性，越夏期间幼虫自然死亡率很高。

秋冬季温暖干旱，生长季温暖多湿或时晴时雨，有利于发生。施氮肥过多，植株幼嫩、贪青徒长，栽培过密，通风透光差，杂草多，管理粗放的地块发生重。

防治措施

1. 农业防治 实行水旱轮作或发生期灌水，秋季翻耕田地，曝晒土壤，春播前精细整地。春播出苗前，及时清除田间及周围的杂草、秸秆、残茬等。结合除草，铲掉田埂阳面约3cm土层，消灭黄地老虎越冬虫蛹。清晨在受害幼苗或残留被害茎叶周围，刨开3～5cm深的表土即可发现幼虫，进行捕杀；或幼虫盛发期在20～22时捕杀。

2. 物理防治 成虫发生期，使用频振式杀虫灯、黑光灯、糖醋液（糖:醋:酒:水 = 6:3:1:10 或 3:4:1:2，加少量敌百虫等杀虫剂）、杨树枝把等诱杀成虫。也可用甘薯、胡萝卜、烂水果等发酵变酸的食物，加入适量杀虫药剂诱杀成虫。在花生田间或畦沟边零星栽植一些大葱、红花、芝麻、谷子等喜食的蜜源植物或喜产卵的作物，引诱成虫取食和产卵，然后集中消灭。幼虫发生期，每亩用水浸泡的新鲜泡桐叶或莴苣叶 70 ~ 90 片，于傍晚均匀放在田内地面上，次日清晨检查捕捉幼虫，或在叶片上喷施敌百虫等杀虫剂 100 倍药液诱杀幼虫，一次放叶效果可保持 4 ~ 5d。

3. 生物防治 地老虎的天敌主要有寄生蜂、寄生蝇、步甲、虎甲等寄生或捕食性昆虫、蜘蛛、细菌、真菌、线虫、病毒、微孢子虫等，对地老虎的发生有一定的抑制作用，注意保护利用天敌。

4. 化学防治 地老虎 1 ~ 3 龄幼虫抗药性差，且暴露在寄主植株或地面上，是药液喷雾防治的最佳时期。4 ~ 6 龄幼虫，因其隐蔽为害，可使用撒毒土和灌根等方法进行防治。防治指标：百株花生幼苗上有幼虫（或卵）3 ~ 6 头（粒），或 0.5 ~ 1 头（粒）/m^2，或被害株（穴）率 3% ~ 5%。

（1）种子处理：播种前，按种子重量，可选用 2.8% ~ 4% 的 25% 甲・克悬浮种衣剂，或 1.7% ~ 2.4% 的 39% 氟氯・毒死蜱种子处理浮剂，或 2% ~ 2.5% 的 10% 克百威悬浮种衣剂，或 0.4% ~ 0.5% 的 50% 氯虫苯甲酰胺悬浮种衣剂等拌种或包衣。按药种比，可选用 47% 丁硫克百威种子处理乳剂 1:（250 ~ 350），或 3% 辛硫磷水乳种衣剂 1:（30 ~ 40），或 20% 甲柳・福美双悬浮种衣剂 1:（40 ~ 50），或 20% 克百・多菌灵悬浮种衣剂药种比 1:（30 ~ 40）等拌种或包衣。

（2）毒草毒饵诱杀：选用藜、苜蓿、小蓟、苦荬菜、打碗花、艾草、青蒿、白茅、繁缕等地老虎喜食的鲜草或菜叶切碎，或炒香的麦麸、豆饼、花生饼、玉米碎粒等饵料，按青草或饵料量的 0.5% ~ 1% 拌入敌百虫晶体或 40% 乐果乳油、40% 甲基异柳磷乳油、48% 毒死蜱乳油等杀虫剂，加适量水拌匀，制成毒草或毒饵，傍晚成小堆撒入田间或幼苗周围，每亩撒施毒草 15 ~ 20kg 或毒饵 4 ~ 5kg，兼诱杀蝼蛄等害虫。

（3）撒施毒土：每亩可选用 15% 毒死蜱颗粒剂 1 000 ~ 1 500g，或 5% 二嗪磷颗粒剂 2 000 ~ 3 000g，或 3% 辛硫磷颗粒剂 6 000 ~ 8 000g，或 0.2% 联苯菊酯颗粒剂 3 000 ~ 5 000g，或 3% 阿维·吡虫啉颗粒剂 1500 ~ 2 000g，或 3% 甲·克颗粒剂 4 000 ~ 5 000g 等，加细土 20 ~ 30kg 拌匀，顺垄撒在幼苗根际；也可选用 30% 毒·辛微囊悬浮剂 400 ~ 500mL，或 40% 甲基异柳磷乳油 250 ~ 500mL，或 30% 毒死蜱微囊悬浮剂 400 ~ 500mL 等，拌细土 20 ~ 30kg，均匀撒施在幼苗根际附近。

（4）药液灌根：可选用 20% 丁硫克百威乳油 1 500 倍液，或 30% 毒·辛微囊悬浮剂 1 000 ~ 1 500 倍液，或 50% 马拉硫磷乳油 1 000 倍液，或 40% 乐果乳油 1 000 倍液，或 90% 敌百虫晶体 800 倍液等灌根，或在灌溉时顺水冲施，但用药量比灌根要增加 1 ~ 2 倍。

（5）药液喷雾：每亩可选用 48% 毒死蜱乳油 60 ~ 80mL，或 2.5% 溴氰菊酯乳油 30 ~ 40mL，或 24% 灭多威可溶液剂 75 ~ 100mL，或 85% 甲萘威可湿性粉剂 120 ~ 160g，或 200g/L 氯虫苯甲酰胺悬浮剂 8 ~ 10mL，或 10.5% 甲维·氟铃脲水分散粒剂 20 ~ 40g 等，对水 50 ~ 75kg，均匀喷雾。也可选用 20% 高效氯氟氰菊酯微囊悬浮剂 1 500 ~ 2 000 倍液，或 1.8% 阿维菌素乳油 1 500 ~ 2 000 倍液，或 50% 杀螟硫磷乳油 1 000 ~ 1 500 倍液，或 15% 茚虫威悬浮剂 2 000 ~ 3 000 倍液，或 20% 氰·马乳油 1 500 倍液，或 30% 毒·辛微囊悬浮剂 1 000 ~ 1500 倍液等，在傍晚对花生幼苗及地表均匀喷雾，以喷湿地表为度，亩喷液量 50 ~ 75kg。

十二、大造桥虫

分布与为害

大造桥虫属昆虫纲鳞翅目尺蛾科，又名尺蠖、步曲、棉大造桥虫、棉叶尺蛾等，为世界性农林业害虫，我国各地均有分布。具有间歇性、暴发性、多食性的特点，常局部发生，为害严重。寄主非常广泛，可为害棉花、豆类、花生、向日葵、茶、桑、麻、十字花科与茄科蔬菜、柑橘、梨等多种经济作物及花卉、苗木、杂草等植物。大发生时可造成幼苗枯死，造成品质下降，产量降低，甚至绝收。

大造桥虫为害花生，幼虫主要为害叶片及嫩芽（图 1）。1 ~ 2 龄

图 1　大造桥虫田间为害状

幼虫多啃食嫩叶叶肉，形成天窗式透明点或小孔（图 2）；3 龄幼虫沿叶脉或叶缘将叶片咬成孔洞与缺刻（图 3）；4 龄后取食全叶及嫩芽，严重时吃成光杆儿（图 4）。

图 2 低龄幼虫为害形成天窗式透明点

图 3 3 龄幼虫为害形成缺刻

图 4 大造桥虫田间严重为害状

形态特征

（1）成虫：体长 15 ~ 20mm，翅展 38 ~ 48mm，多为浅灰褐色，也有黄白色、淡黄色、淡褐色，散布有黑褐色及淡黄色鳞片（图 5）。触角细长，超过前翅前缘中部，雄虫淡黄色羽毛状，雌虫暗灰色丝状，复眼黑褐色。前翅暗灰色，略带白色；外横线、内横线明显，黑褐色，锯齿状，其间为灰黄色，中室端有 1 半月形白斑，斑纹黑褐色；外缘线有 7 ~ 8 个半月形黑斑。有的个体可见中横线及波纹状的亚缘线，外缘中部附近有 1 深褐色斑块。后翅颜色、斑纹与前翅相同。

图 5　大造桥虫成虫

（2）卵：长椭圆形，长约 1.7mm，宽约 0.4mm，初产青绿色，孵化前灰白色或灰绿色，壳面有纵向排列的花纹。

（3）幼虫：共 6 龄。1 龄灰褐色，有黑白相间纵纹（图 6），2 龄后渐变为黄绿色、淡绿色、深绿色、灰黄色、深褐色，第 2 腹节两侧各有 1 个黑色斑（图 7）。老熟幼虫体长 38 ~ 55mm，多为青白色、黄

图 6　1 龄幼虫

图 7　2 龄幼虫第 2 腹节侧面黑色斑

绿色、灰黄色或黄褐色，体表光滑，两侧密生黄色小点。头黄褐色至褐绿色，头顶两侧各有 1 个黑点；胸足 3 对，褐色；腹足 1 对，生于第 6 腹节，臀足 1 对，黄绿色或褐色，端部黑色。第 2 腹节背面中央前半部有 1 条黑褐色条斑（图 8），斑后有 1 对黄褐色毛瘤，其上着生

图 8　幼虫第 2 腹节背面中央黑褐色条斑

1 根短黑毛，侧面有 2 个黑斑或消失。气门黑色，围气门片淡黄色。

（4）蛹：长椭圆形，长 14 ~ 17mm，初为青绿色，后变深褐色，有光泽，第 5 腹节前缘两侧各有 1 个长条形凹陷，黑褐色（图 9），尾端尖，臀刺 2 根。

图 9　大造桥虫蛹

发生规律

大造桥虫 1 年发生 2 ~ 5 代。吉林 1 年发生 2 代，河北 1 年发生 3 代，黄淮地区 1 年发生 4 代，长江流域 1 年发生 4 ~ 5 代。蛹在土中越冬。

越冬蛹于3月中旬至4月中旬羽化，6 ~ 9月发生为害严重。

成虫多于傍晚羽化，昼伏夜出，飞翔力弱，趋光性强，有补充营养习性。羽化后1 ~ 3d交尾，交尾后1 ~ 2d产卵，卵多散产在地面、土缝及草茎叶上，大发生时常10 ~ 80粒聚产成堆，单雌产卵560 ~ 1 360粒，平均800粒。卵壳坚硬，耐干耐湿。卵多在清晨孵化，初孵幼虫爬行敏捷，可吐丝随风飘移扩散。低龄幼虫多在植株中下部为害，4龄后进入暴食期，转移到植株中上部为害。幼虫无钻蛀习性，爬行时曲腹如拱桥形，在作物上常拟态呈嫩枝状栖息（图10）。老熟

图10　幼虫栖息拟态

幼虫入土 3 ～ 6cm 做室化蛹。卵期 3 ～ 8d，幼虫期 16 ～ 25d，预蛹期 2 ～ 4d，蛹期 8 ～ 12d，成虫寿命 6 ～ 13d。

气候温暖、时晴时雨，有利于虫害的发生与发展。卵孵化期遇暴雨或蛹羽化期遇温度 30℃以上、相对湿度 70% 以下天气，对其发生不利。地势低洼、栽培过密、杂草丛生、田间郁闭、通风透光差、偏施氮肥、植株生长过嫩的地块，发生较重。

防治措施

1. 农业防治　花生播种前或收获后，清除田间及四周杂草，集中烧毁或沤肥，深翻地灭茬、晒土。合理密植，科学施肥，增施磷钾肥，重施基肥、有机肥；大雨过后及时排水降湿。

2. 物理防治　在成虫发生盛期，利用频振式杀虫灯、黑光灯等诱杀成虫。

3. 生物防治　注意保护和利用天敌（图 11）。大发生年份，在卵盛期，释放赤眼蜂等天敌；在幼虫发生盛期，可选用 8 000IU/mg 苏云金杆菌可湿性粉剂 150 ～ 200 倍液，或 25% 除虫脲可湿性粉剂 1 000 倍液，或 1% 苦皮藤素水乳剂 1 000 ～ 1 500 倍液等喷雾。

图 11　幼虫被天敌寄生状

4. 化学防治　一般不需要专门防治，在防治其他食叶害虫时即可兼治。但当花生百株有虫达到 40 ～ 50 头时，需要及时防治。

在卵孵化盛期至 3 龄幼虫盛期，每亩可选用 80% 敌敌畏乳油

50 ~ 100mL，或45%杀螟硫磷浮油60 ~ 80mL，或10%高效氯氟氰菊酯水乳剂10 ~ 20mL，或25g/L溴氰菊酯乳油20 ~ 40mL，或25%甲萘威可湿性粉剂200 ~ 250g，或40%丙溴·辛硫磷乳油40 ~ 60mL等，加水40 ~ 50kg，均匀喷雾。也可选用48%毒死蜱乳油1 500 ~ 2 000倍液，或4.5%高效氯氰菊酯乳油1 000 ~ 2 000倍液，或25g/L联苯菊酯乳油1 000 ~ 2 000倍液，或22%噻虫·高氯氟微囊悬浮剂6 000 ~ 8 000倍液，或60%敌畏·马乳油1 000 ~ 1500倍液，或50%氰戊·辛硫磷乳油1 000倍液等，均匀喷雾，亩喷药液40 ~ 60kg。可兼治叶蝉、蓟马、蚜虫、棉铃虫、甜菜夜蛾等害虫。

十三、花生跳盲蝽

分布与为害

花生跳盲蝽属昆虫纲半翅目盲蝽科，又叫花生盲蝽、甘薯跳盲蝽、小黑跳盲蝽。分布于亚洲的斯里兰卡、印度、新加坡、日本等地，我国黄河以南的各省市区均有分布。寄主范围较广，主要为害花生、大豆、甘薯、芝麻、萝卜、白菜、茄子、菜豆、豇豆、薄荷、瓜类、苍耳等30多种作物与杂草。成虫和若虫主要为害花生的叶片和茎秆（图1），刺吸汁液，被害部位出现白色小斑点，严重时叶片呈黄白色（图2），造成叶片早衰、脱落，植株长势衰弱、枯萎，结荚少而小。

图1　花生跳盲蝽成虫为害叶片

图2　花生跳盲蝽成虫及为害状

形态特征

（1）成虫：椭圆形，长约 2.1mm，宽约 1. 1mm，黑色，有光泽，被褐色短毛。头黑色，光滑，头顶微成弓形。复眼稍突与前胸相接。喙黄褐色，基部红色，末端黑色，伸达后足基节。触角细长，黄褐色，第 1 节膨大，第 2 节长与革片前缘近相等，第 3 ～ 4 节部分黑褐色。前胸背板短宽，微上拱，前缘和侧缘直，后缘后突成弧形。小盾片等边三角形。前翅革片短宽，前缘成弧形弯曲；楔片小，长三角形；膜片深棕色，长于腹部末端。身体腹面黑褐色，有褐色毛。足黄褐色至黑褐色。后足腿节特别粗大，黑褐色，并向内弯曲，胫节细长，黄褐色，近基部褐色（图 3）。雌虫产卵器细长，黄褐色，镰刀形。

图 3　花生跳盲蝽成虫

（2）卵：香蕉形，长 0.6 ～ 0.7mm，下部略弯，卵盖上面有 6 ～ 8 个小齿。初产时乳白色，表面光滑，近孵化时呈红褐色。

（3）若虫：共 5 龄。初孵时体小狭长，胸部宽度稍大于腹部，呈“梭形”。低龄若虫，头胸部和腹部第 1 ～ 4 节为橘红色，其余淡黄色，后身体渐变为灰褐色。3 龄后出现翅芽，头、胸、腹部及后足腿节散布黑色斑点，每斑点上有 1 根粗毛，前中足淡黄色，后足腿节紫褐色，深浅不匀，复眼及触角节间橘红色。5 龄后翅芽可达第 3 ~ 4 腹节。

发生规律

我国南方花生跳盲蝽 1 年发生 4 ~ 7 代，以卵在寄主组织内越冬。在湖南 1 年发生 5 代，5 月中旬孵化，第 1 代 5 月至 7 月下旬，第 2 代 6 月下旬至 8 月下旬，第 3 代 7 月下旬至 9 月下旬，第 4 代 8 月中旬至 10 月下旬，第 5 代 9 月中旬至 12 月中旬，田间世代重叠明显。每年以第 2 ~ 3 代发生量最大，7 ~ 8 月为害最重。

成若虫喜欢取食成长期的幼嫩叶片，畏强光，常躲在叶片背面活动，排泄物小黑点状粘在叶背。初羽化成虫淡褐色，经 2 ~ 3d 后变黑褐色。成虫活泼，能飞善跳，喜欢在湿度大的地块为害。交尾产卵前需补充营养，未经交尾也可产卵，无孤雌生殖现象。成虫昼夜均能产卵，以 10 ~ 14 时为最多。卵散产，多斜产在叶背叶脉两侧叶肉组织内或叶柄、茎秆上，仅露出卵盖，卵盖上常覆盖有排泄物。日平均气温 21 ~ 31℃时，完成一个世代历期 21 ~ 39d，其中卵期 7 ~ 14d，若虫期 10 ~ 15d，成虫寿命 16 ~ 38d，产卵前期 3 ~ 10d，产卵期 15 ~ 27d，平均单雌产卵 16 ~ 123 粒。低龄若虫常群集为害，随着虫龄增长，若虫行动变活泼，遇惊吓即弹跳。

花生跳盲蝽耐高温，不耐低温和饥饿。冬春季温暖、湿润，春季气温回升快，夏、秋季高温、干燥、少雨，晚秋低温、初霜推迟，则发生严重。暴雨、连阴雨天气对其发生不利。平原地区较山区为害严重，山区随海拔升高，发生为害减轻。水旱轮作发生轻，旱地较水田发生重，花生、大豆、甘薯混栽地块比单独种植地块发生重。天敌有寄生蜂类、蜘蛛类等，对其发生有一定的抑制作用。

防治措施

1. 农业防治　实行水旱轮作。合理布局，提倡连片种植。冬春季结合积肥，清除寄主残枝落叶及地边杂草。深翻土壤。

2. 化学防治 花生苗期，平均每穴有3只以上即可防治。在低龄若虫盛期，每亩可选用25%噻虫嗪水分散粒剂4 ~ 8g，或50g/L顺式氯氰菊酯乳油40 ~ 50mL，或240g/L虫螨腈悬浮剂20 ~ 30mL，或45%马拉硫磷乳油50 ~ 80mL，或25%仲丁威乳油100 ~ 150mL，或4%阿维·啶虫脒乳油15 ~ 20mL等，对水40 ~ 60kg，均匀喷雾。也可选用600g/L吡虫啉悬浮剂8 000 ~ 10 000倍液，或25g/L溴氰菊酯乳油1 500 ~ 2 000倍液，或40%乐果乳油800 ~ 1 000倍液，或50%氟啶虫胺氰水分散粒剂4 000 ~ 6 000倍液，或48%毒死蜱乳油1 000 ~ 2 000倍液，或10%氟氯·噻虫啉悬浮剂1 500 ~ 2 000倍液等，均匀喷雾，亩喷药液40 ~ 60kg。药液喷在叶片正背两面，对田边的杂草等寄主也要喷药，间隔7 ~ 10d喷1次，连续防治2 ~ 3次。可兼治蚜虫、小绿叶蝉、蓟马、棉铃虫、银纹夜蛾等害虫。

十四、蓟马

分布与为害

蓟马属昆虫纲缨翅目蓟马科，种类繁多，分布广泛，多数种类是世界性的农林业害虫。我国已记载336种，为害花生的种类主要有茶黄蓟马、端带蓟马等。茶黄蓟马又称茶叶蓟马、茶黄硬蓟马等，分布于华南、中南、西南地区。端带蓟马又称端大蓟马、花生蓟马、花生端带蓟马、豆蓟马、紫云英蓟马等，分布于全国各地。除花生外，茶黄蓟马还为害茶、草莓、葡萄、芒果等，端带蓟马还为害四季豆、豌豆、蚕豆、丝瓜、胡萝卜、白菜、油菜、苜蓿、紫云英、小麦、水稻等。

蓟马成虫和若虫主要为害花生嫩叶，群集于未张开的复叶内或叶背（图1），锉吸汁液，造成叶片畸形，出现褐色斑纹，也可为害老叶、嫩茎、花器、叶柄等（图2），受害花朵不孕或不结实。茶黄蓟马为

图1　蓟马为害未张开的复叶

图2　蓟马大田为害状

害处，叶脉两侧出现2条或多条纵向排列的红褐色条痕（图3），叶面凸起（图4），严重时，叶背出现一片褐色纹（图5），致新叶萎缩（图6），叶片向内纵卷，僵硬变脆（图7）。端带蓟马为害处，叶片上呈黄褐色小斑（图8），较重的叶片变细长且卷曲皱缩不展（图9），形成兔耳状（图10），甚至凋萎脱落。受害植株轻者影响生长、开花和受精，重者生长停滞，黄弱矮小。

图3　茶黄蓟马为害处的叶脉两侧出现红褐色条痕

图4　茶黄蓟马为害后叶面凸起

图5　茶黄蓟马为害叶片正面与背面比较

图 6 茶黄蓟马为害新叶萎缩

图 7 茶黄蓟马为害叶片僵硬变脆

图 8 端带蓟马为害叶片上呈黄褐色小斑

图 9 端带蓟马为害叶片卷曲皱缩

图 10 端带蓟马为害叶片形成兔耳状

形态特征

1. 茶黄蓟马

（1）成虫：体橙黄色或黄色，长 0.7 ~ 0.9mm（图 11）。头宽于长，前胸宽为长的 1.5 倍。单眼 3 个，鲜红色，半月形。复眼大，红褐色，稍突出。触角丝状 8 节，约为头长的 3 倍，第 1 ~ 2 节淡黄色，第 3 ~ 8 节淡褐色，第 6 节最长。前翅狭长，黄褐色，近基部有 1 个小淡黄色区。腹部第 3 ~ 8 节背片有暗前脊，第 8 腹节后缘栉齿状明显，第 4 ~ 7 节腹片前缘有深色横线。

图 11　茶黄蓟马成虫

（2）卵：浅黄白色，肾形，直径约 0.07mm。

（3）若虫：共4 龄（图 12）。1 龄乳白色，复眼红色。2 龄浅黄色，中、后胸与腹部等宽。3 龄黄绿色，复眼灰黑色，出现白色透明的翅芽。4 龄橘黄色，复眼前半部红色，后半部黑褐色，触色倒贴于头及前胸背面，翅芽伸达第 4 ~ 8 腹节。

图 12　茶黄蓟马若虫

2. 端带蓟马

（1）成虫：雌成虫体长 1.6 ~ 1.8mm，黑棕色或黄棕色。触角 8 节，暗棕色，第 3 ~ 4 节倒花瓶状。单眼间鬃长，靠近后单眼，位于 3 个单眼中心连线内缘。前翅暗棕色，基部和近端处色淡。腹部第 2 ~ 7 节背板近前缘有 1 条黑色横纹，第 8 腹节后缘仅两侧有梳。雄虫显著比雌虫体小、色淡、触角细。

（2）卵：肾形。

（3）若虫：共 4 龄，体黄色，无翅。

发生规律

1. 茶黄蓟马　在广东、广西、云南、贵州等南方地区，1 年发生 10 ~ 11 代，世代重叠，无明显越冬现象。在江西 1 年发生 8 ~ 10 代，在山东、江苏 1 年发生 4 代，以成虫或若虫在土壤缝隙、枯枝落叶层和树皮缝等处越冬。在江西，越冬若虫 3 月中旬开始羽化，越冬成虫 4 月上旬开始产卵，4 月中旬始见 1 代若虫，11 月进入越冬期。4 月至 7 月上旬和 9 ~ 11 月是夏、秋花生的为害盛期。

茶黄蓟马成虫对绿色、黄色趋性明显。雌虫羽化后 2 ~ 3d，将卵散产在嫩叶背面叶肉中，每雌平均产卵 35 ~ 62 粒。随着温度升高，各虫态发育历期缩短，22 ~ 30℃时，卵期 3.8 ~ 8d，若虫期 7.4 ~ 15d，成虫寿命 16.9 ~ 26.9d。在 5 ~ 10 月，一般 10 ~ 20d 即可完成 1 代。

2. 端带蓟马　在江西、浙江、福建 1 年发生 6 ~ 7 代，世代重叠，以成虫在紫云英、葱、蒜、萝卜等叶背或茎皮裂缝中越冬。福建 3 月下旬、浙江 4 月上旬盛发，10 月下旬至 11 月开始越冬。在广东，春花生 3 ~ 5 月、夏花生 7 ~ 8 月、秋花生 9 ~ 10 月发生重。在河南、山东等花生产区，5 月下旬至 6 月发生重。

端带蓟马多将卵产在花萼或花梗等组织里，卵期 7d，若虫为害约 7d 后，钻入表土 0.5 ~ 1cm 深处蜕皮。蜕皮时先变为预蛹，后再蜕皮成伪蛹，蛹期约 7d。

茶黄蓟马和端带蓟马个体小，行动敏捷，成虫、若虫有群居性、避光趋湿习性，阴凉天气或早晚在叶面活动，午间多栖息于荫蔽处。成虫活泼，能飞善跳，在叶片正背面均可取食，有趋嫩取食和趋嫩产卵习性,有性生殖和孤雌生殖。若虫 1 ~ 2 龄多在嫩梢或嫩叶背面取食，3 ~ 4 龄不取食。3 龄称为预蛹，行动缓慢，多群集在叶片背面凹处、相叠处、蛛网下或钻入土壤缝隙、枯枝落叶层蜕皮化蛹，4 龄称为蛹。

发生适宜温度 23 ~ 28℃、相对湿度 40% ~ 60%，较耐寒，不耐湿。干旱条件利于发生，冬、春季温暖、少雨干旱时发生猖獗。大雨、阵雨频繁天气发生不利，浇水或土壤黏重板结时，为害明显减轻。春季开花植物多，田间寄主生育期不整齐，花蕾期长，有利于其繁殖，发生重。靠近葱、蒜和附近杂草、花源植物多的花生田常发生重。花生苗期遇高温干旱易大发生，开花期前后发生最严重。

防治措施

1. 农业防治　及时翻整土地，适度中耕，合理灌溉，杀死地表蛹。科学施肥，促进花生发芽整齐。春季及时铲除杂草、绿肥，压低虫源。

2. 物理防治　利用茶黄蓟马对绿色、黄色有强烈趋性的特点，采用黄色或绿色粘板诱杀。每亩放置 25cm × 40cm 粘板 30 块，悬挂高度与花生株高相当。

3. 生物防治　保护利用蜘蛛、捕食螨、瓢虫和捕食性蓟马等天敌，改善生态环境，发挥自然天敌的控制作用。喷施生物制剂：每亩可选用 5% 多杀霉素悬浮剂 40 ~ 50mL，或 0.3% 苦参碱水剂 100 ~ 200mL 等，对水 40 ~ 60kg，均匀喷施；也可选用 6% 鱼藤酮微乳剂 1 000 ~ 1 500 倍液，或 1.8% 阿维菌素乳油 2 000 ~ 4 000 倍液等，均匀喷雾，亩喷药液 40 ~ 60kg。

4. 化学防治　距越冬虫源近且虫源量大的地块，播种前宜种子处理。花生苗期，百株有虫达 330 头以上或穴卷叶率达到 2.6%、株卷叶率达到 0.74%，花生开花期，每朵花内有虫 2 ~ 3 头，即应进行防治。

（1）种子处理：播种前，可按药种比，选用 1% 吡虫啉悬浮种衣剂 1:（30 ~ 40），或 40% 溴酰·噻虫嗪种子处理悬浮剂 1:（200 ~ 250），或 47% 丁硫克百威种子处理乳剂 1:（300 ~ 400）等包衣；也可按种子重量，选用 0.3% ~ 0.6% 的 70% 噻虫嗪种子处理可分散粉剂，或 1% ~ 2% 的 20% 吡虫·氟虫腈悬浮种衣剂,或 3% ~ 4% 的 25% 甲·克悬浮种衣剂等包衣或拌种，可兼治蚜虫、地下害虫等。

（2）药剂喷雾：每亩可选用 600g/L 吡虫啉悬浮剂 4 ~ 6mL,或 2.5% 溴氰菊酯乳油 20 ~ 40mL，或 48% 毒死蜱乳油 50 ~ 80mL，或 240g/L 虫螨腈悬浮剂 20 ~ 30mL，或 10% 溴氰虫酰胺悬浮剂 40 ~ 50mL，或 40% 稻丰·仲丁威乳油 75 ~ 150mL，对水 40 ~ 50kg，均匀喷雾。也可选用 45% 马拉硫磷乳油 500 ~ 800 倍液，或 5% 啶虫脒乳油 1 000 ~ 1 500 倍液，或 2.5% 联苯菊酯乳油 1 500 ~ 2 000 倍液，或 20% 灭多威乳油 1 500 ~ 2 000 倍液，或 2% 阿维菌素乳油 3 000 ~ 4 000 倍液，或 25% 氰戊·辛硫磷乳油 1 000 ~ 1 500 倍液等，均匀喷雾,亩喷药液 40 ~ 50kg。间隔 7 ~ 10d 防治 1 次,连续防治 2 ~ 3 次，轮换使用，可兼治蚜虫、小绿叶蝉、蓟马、棉铃虫等。

十五、小绿叶蝉

分布与为害

小绿叶蝉属昆虫纲同翅目叶蝉科，又名桃小浮尘子、桃小叶蝉、桃小绿叶蝉、茶小叶蝉，是世界性农林业害虫，我国各地均有分布。寄主种类广泛，可为害粮、棉、油、薯、烟、麻、桑、茶、蔬菜、水果等作物。

小绿叶蝉成虫、若虫刺吸花生幼嫩的叶片、新芽和枝梢汁液（图 1），

图 1　小绿叶蝉田间为害状

被害叶片初期出现黄白色斑点（图 2），逐渐扩展成片（图 3），严重时全叶苍白早衰（图 4），影响花生植株正常生长。小绿叶蝉还传播花生丛枝病毒，带毒成虫和若虫可终生传毒，导致花生产量和质量下降。

图 2　被害叶片初期出现黄白色斑点

图 3　斑点扩展成片

图 4　严重时叶片苍白早衰

形态特征

（1）成虫：体长 3.3 ~ 3.7mm，淡黄绿色至绿色（图 5）。头部向前突出，头冠长度短于两复眼间宽。复眼灰褐色至深褐色，无单眼。触角刚毛状，末端黑色。前胸背板及小盾片淡绿色，常有白色斑点。前翅半透明，略呈革质，淡黄白色，周缘有淡绿色细边；后翅透明、膜质。各足胫节端部以下淡青绿色，爪褐色；跗节 3 节；后足为跳跃足。腹部背板黄色或黄绿色，较腹板色深，末端淡青绿色。

图 5　小绿叶蝉成虫

（2）卵：长椭圆形，略弯曲，长约 0.6mm，宽约 0.15mm，初乳白色，后颜色逐渐加深，近孵化时出现 1 对红褐色眼点。

（3）若虫：体长 2.5 ~ 3.5mm，浅黄色，形态与成虫相似（图 6）。复眼由赤色渐转灰褐色，足爪褐色，头冠及腹部各节生有白色细毛，翅芽随着蜕皮而增大。

图 6　小绿叶蝉若虫

发生规律

小绿叶蝉1年发生4～6代，世代重叠，以成虫在落叶、杂草或低矮绿色植物中越冬。成虫善跳，可借风力扩散。越冬成虫先在早春寄主上取食，而后扩展到其他寄主。6月虫口数量增加，8～9月为害严重。

成虫、若虫喜白天活动。成虫有趋光性和趋黄性，喜阴湿环境，在嫩叶背面刺吸汁液或栖息，取食后交尾、产卵，卵多产在花生叶片组织内，单雌产卵46～165粒。卵期5～20d，若虫期10～20d，非越冬成虫寿命30d，完成1代需40～50d。若虫孵化后，喜群集于叶背面为害，行动活泼，受惊时常将尾端举起，快速横向爬动。

生长发育适温15～25℃，时晴时雨，适温高湿的条件下发生重，28℃以上及连阴雨天气虫口密度下降。花生地块偏施或过施氮肥，密度过大、营养群体大、杂草丛生，发生为害重。天敌有卵寄生蜂、缨小蜂、蜘蛛和虫霉菌等，对其发生有一定的抑制作用。

防治措施

1. 农业防治　加强田间管理，秋冬季节，彻底清除落叶，铲除杂草，集中烧毁，消灭越冬成虫。

2. 物理防治

（1）利用灯光诱杀成虫：在成虫发生期，每15亩安装1盏频振式杀虫灯，挂灯高度以100cm左右为宜。

（2）利用黄色粘板诱杀：每亩用黄色粘板30～40片（25cm×20cm），悬挂高度以高于花生植株顶梢20cm为宜。

3. 化学防治　花生每百叶有虫20～25头时进行防治。花生丛枝病发生区，更应及早防治。

在成虫迁飞期及若虫孵化盛期，每亩可选用25%噻虫嗪水分散粒剂4～6g，或5%啶虫脒乳油20～40mL，或5%高效氯氟氰菊酯水乳剂30～50mL，或48%毒死蜱乳油40～60mL，或10%氯噻啉可湿性粉剂20～30g，或50%混灭威乳油50～100mL等，对水40～60kg，均匀喷雾。也可选用600g/L吡虫啉悬浮剂8 000 ~ 10 000倍液，或25%仲丁威乳油600 ~ 1 000倍液，或50%辛硫磷乳油1 000 ~ 2 000倍液，或20%哒嗪硫磷乳油800 ~ 1 000倍液，或25g/L溴氰菊酯乳油2 000 ~ 3 000倍液，或150g/L茚虫威乳油2 000 ~ 3 000倍液等，均匀喷雾，亩喷药液40 ~ 60kg。药液均匀喷施到叶片正背两面及田内外杂草等寄主上，间隔7 ~ 10d喷1次，连续防治2 ~ 3次。可兼治蚜虫、棉铃虫、银纹夜蛾等害虫。